Francesca Sanna

Pomiary wilgotności gleby i metody kalibracji

Francesca Sanna

Pomiary wilgotności gleby i metody kalibracji

Czujniki wilgotności gleby dla praktyk rolniczych

Wydawnictwo Bezkresy Wiedzy

Cover image: www.ingimage.com

Publisher:
Wydawnictwo Bezkresy Wiedzy
is a trademark of
International Book Market Service Ltd., member of OmniScriptum Publishing Group
17 Meldrum Street, Beau Bassin 71504, Mauritius

Printed at: see last page
ISBN: 978-620-0-54358-5

Drogi czytelniku,

książka, którą posiadasz, została pierwotnie wydana pod tytułem "Soil moisture measurements and calibration methods", ISBN 978-3-659-84337-2.

Jego publikacja w języku polskim jest możliwa dzięki zastosowaniu najbardziej zaawansowanej sztucznej inteligencji dla języków.

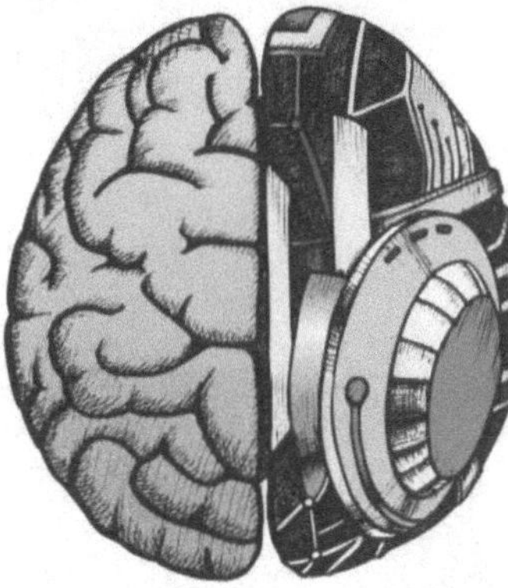

Technologia ta, uhonorowana pierwszą w historii Honorową Nagrodą Sztucznej Inteligencji w Berlinie we wrześniu 2019 r., naśladuje sposób działania ludzkiego mózgu, dzięki czemu jest w stanie uchwycić i przetłumaczyć nawet najmniejsze niuanse w bezprecedensowy sposób.

Mamy nadzieję, że znajdą Państwo wiele satysfakcji z tej książki i uprzejmie prosimy o uwzględnienie wszelkich rozbieżności językowych, które mogłyby wyniknąć z tego procesu.

Miłego czytania!

Wydawnictwo Bezkresy Wiedzy

Metody pomiaru wilgotności gleby i jej kalibracji w rolnictwie

Przez Francesca Sanna [1,2*]

[1] *Wydział Rolnictwa i Nauk o Żywności, Uniwersytet w Turynie, Włochy*

[2] *Krajowy Instytut Badań Metrologicznych (INRiM), Turyn, Włochy*

*Odpowiadający autor: Francesca Sanna, biotechnolog roślin, dział badań w dziedzinie metrologii dla Agrometeorologii, e-mail: francesca.sanna@unito.it

Spis treści

1. Wprowadzenie

Zawartość wody w glebie ma istotne znaczenie dla rolnictwa i nauk rolniczych. Większość właściwości fizycznych i chemicznych gleby różni się w zależności od wilgotności. Pomiar wilgotności gleby jest potrzebny w każdym rodzaju badań gleby i zastosowanie odpowiedniej i terminowej wilgotności do nawadniania, w zależności od środowiska glebowo-wilgotnego-roślinnego, jest niezbędne w produkcji roślinnej (Jones, 1990; Michael i Ojha, 1996; Howell, 2001).

Gdy gleba staje się zbyt sucha, spada transpiracja roślinna, ponieważ woda jest coraz bardziej związana z cząstkami gleby poprzez odsysanie. Poniżej punktu więdnięcia, rośliny nie są już w stanie pobierać wody. W tym momencie więdną i przestają w ogóle funkcjonować. Warunki, w których gleba jest zbyt sucha, aby utrzymać niezawodny wzrost roślin, określane są mianem suszy rolniczej i stanowią szczególny przedmiot zarządzania nawadnianiem (Bayer *i in.* , 2013). Dlatego dokładne oszacowanie i pomiar wilgotności gleby ma kluczowe znaczenie dla produkcji rolnej, prognozowania pogody, przewidywania zmian klimatu, zarządzania zasobami wodnymi. Deficyt wilgotności gleby może bowiem prowadzić do poważnych konsekwencji, takich jak powódź lub susza (WMO-CIMO, 2014).

Potrzeba poprawy praktyk irygacyjnych jest dobrze znana. Zmierzone wielkości nawadniania zmieniały się w wyniku zmiany rozstawu pojemników, ingerencji okapu, konstrukcji zimujących i nieefektywności systemów nawadniających. Nieefektywne i nadmierne nawadnianie prowadzi do zwiększonego spływu wody i substancji odżywczych. Przyjęto najlepsze praktyki zarządzania w celu bardziej zrównoważonego wykorzystania zasobów wodnych (Chappell *i in.*, 2012). Metody te są korzystne dla hodowców zajmujących się ograniczeniem zużycia wody i kontrolą spływu; jednak te praktyki nawadniania nie są oparte na zapotrzebowaniu na wodę dla roślin.

2. Charakterystyka wilgotności gleby

Stan wilgotności gleby wyrażony jest w postaci objętościowej wilgotności i potencjału kapilarnego wody zawartej w porach gleby. W miarę jak gleba staje się mokra, woda zostaje zatrzymana w większych porach, a potencjał kapilarny wzrasta. Wilgotność gleby występuje w trzech formach występujących później w wyniku redystrybucji wody glebowej po infiltracji: wilgoci *grawitacyjnej, wilgoci kapilarnej* i *wilgoci higroskopijnej* (rys. 1).

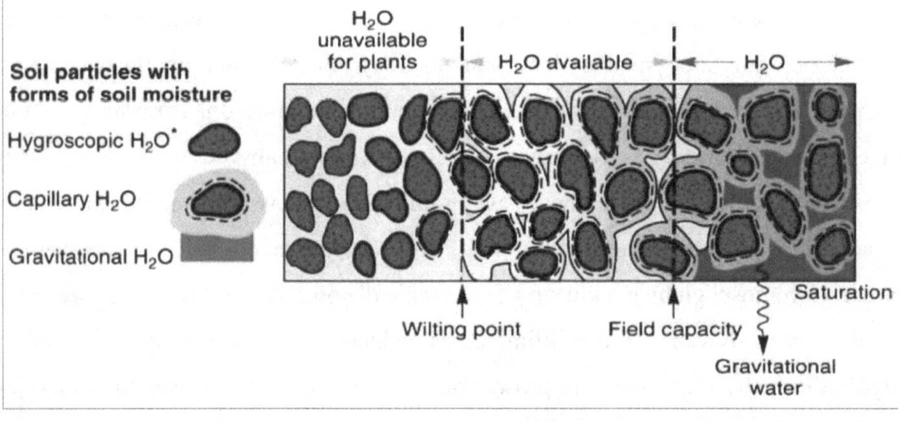

Rys. 1. Trzy formy wilgotności gleby i cząstek gleby, wilgotność higroskopijna, wilgotność kapilarna i wilgotność grawitacyjna. W formie wilgoci higroskopijnej roślina nie może usunąć wystarczającej ilości wody, aby przeżyć; w formie wilgoci kapilarnej duże pory są odprowadzane przez grawitację, a w glebie istnieje górna granica możliwej do magazynowania wody; w formie wilgoci grawitacyjnej wszystkie pory są wypełnione wodą bez kieszonek powietrznych. (Na zdjęciach: Robert W. Christopherson i Charlie Thomsen)

Wilgotność grawitacyjna jest definiowana jako swobodna wilgotność, która przemieszcza się w glebie pod wpływem siły grawitacji. Znajduje się on w makroporach, a jego ruch jest dość szybki w dobrze odwodnionej glebie i dlatego nie jest uważany za wilgoć dostępną. Zwykle wilgoć grawitacyjna odprowadza się z gleby w ciągu 2-3 dni po opadach. Wilgotność kapilarna jest to wilgotność obecna w mikroporach gleby i utrzymywana w glebie ze względu na kohezję i przyleganie pod wpływem siły grawitacji. Wilgoć ta jest dostępna jako wilgoć porowa i jest odpowiedzialna za wszystkie interakcje fizyczno-chemiczno-mineralogiczno-biologiczne pomiędzy glebą a środowiskiem. Higroskopijna wilgoć tworzy bardzo cienką warstwę wokół powierzchni cząstek gleby. Ponieważ nie jest on utrzymywany w porach gleby, ale znajduje się na powierzchni tych cząstek, jest bardzo trudny do usunięcia ze względu na obecność niezwykle dużych sił przyczepności (rys. 2).

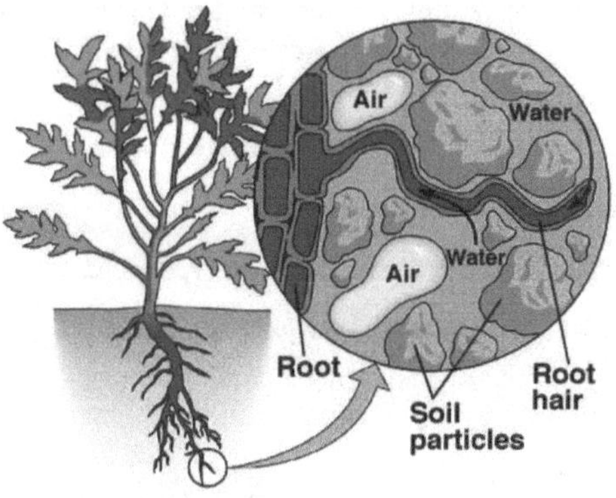

Rys. 2. W włosach korzeni roślin woda i składniki odżywcze są wchłaniane z gleby w obecności powietrza.

Dla zrozumienia interakcji wilgotność gleby z roślinami Widstoe i McLaughlin (1912) różnicowali wilgotność kapilarną na pojemność wodną pola, tj. wilgotność dostępną dla roślin i punkt więdnięcia. Polowa pojemność wodna to woda zatrzymana w glebie po odprowadzeniu nadmiaru wody grawitacyjnej, ale niekoniecznie dostępna dla roślin. Punkt więdnięcia to zawartość wody w glebie, poniżej której rośliny zaczynają więdnąć (rys. 3). Woda dostępna dla roślin to woda glebowa, która może być wchłonięta przez korzenie roślin i jest uzyskiwana poprzez odjęcie punktu trwałego więdnięcia od pojemności wodnej pola.

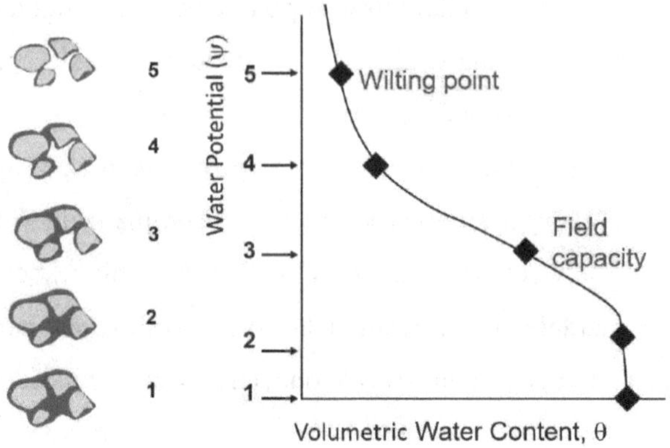

Rys. 3. Retencja wilgotności gleby w glebie nienasyconej. Gdy gleba staje się bardziej sucha, ścieżki wypełnione wodą stają się węższe i bardziej kręte. Potencjał wody (), objętościowa zawartość wody (θ)

Krzywa retencji wody to zależność między zawartością wody, θ, a potencjałem wodnym gleby, ψ. Krzywa ta jest charakterystyczna dla różnych typów gleb i nazywana jest również **charakterystyką wilgotności gleby** (rys. 4).

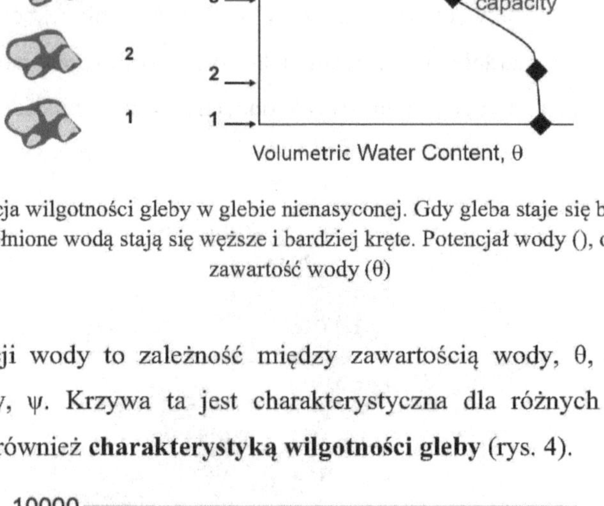

Rys. 4. Charakterystyka wodna gleby Charakterystyka wodna gleby piaszczystej. θfc = zawartość wody na polu, θfc przy 33 kPa zasysania; θwp = zawartość wody w punkcie więdnięcia, θ przy 1500 kPa; θfc - θwp = jednostkowa pojemność magazynowa

Krzywa retencji wody służy do przewidywania magazynowania wody w glebie, zaopatrzenia roślin w wodę (pojemność polowa) oraz stabilności agregatów glebowych. Ze względu na histeretyczne działanie napełniania i opróżniania porów wodą, można wyróżnić różne krzywe zwilżania i wysychania. Ogólne cechy krzywej retencji wody można zobaczyć na rysunku, na którym wykreślono θ w stosunku do potencjału macierzyńskiego, ψ. Przy potencjale bliskim zeru, gleba jest bliska nasycenia, a woda jest zatrzymywana w glebie głównie przez siły kapilarne. W miarę jak θ spada, wiązanie wody staje się silniejsze, a przy małych potencjałach woda jest silnie związana w najmniejszych porach, w punktach styku ziaren oraz jako filmy związane siłami adsorpcyjnymi wokół cząstek.

Decyduje o tym potencjał wody:

- Kierunek i natężenie przepływu wody w warunkach próżni ciągłej gleba-plant-atmosfera (SPAC);
- Woda dostępna dla zakładu;
- Aktywność mikrobiologiczna, a następnie rozkład materii organicznej;
- Kiełkowanie nasion;
- Odżywianie roślin;

SPAC definiuje się jako przepływ wody z gleby, przez roślinę i do atmosfery wzdłuż połączonej warstwy wody płynnej (Lambers *et al.*, 2008). Niski potencjał wodny atmosfery i stosunkowo wyższy (tzn. mniej ujemny) potencjał wodny wewnątrz liści prowadzi do gradientu dyfuzji w poprzek porów szparkowych liści, pobierając wodę z liści w postaci pary (rys. 5). Woda, która przepływa przez zakład może, analogicznie do prawa Ohma, być porównywana do prądu elektrycznego przez szereg rezystorów w serii. Jak poniższe równanie 1:

$$Jv = \Delta\psi/R \qquad \text{(Eq. 1)}$$

Gdzie Jv jest przepływem wody, $\Delta\psi$ różnica potencjałów wody (siła napędowa) i R opory, jakie napotkała woda podczas jej przepływu. To równanie dotyczące przepływu wody z gleby do atmosfery, znane jako teoria SPAC, zostało sformułowane przez Van den Honerta (1948). Autor wyczuł analogię między wstąpieniem soku a prawem Ohma. Z drugiej strony, zastosowanie tego prawa jest odpowiednie dla różnych zjawisk (przenoszenie ciepła, przenoszenie wody do gleby, pierwsze prawo dyfuzji itp. Zgodnie z tym prawem, opis ruchu limfatycznego ma więc charakter fenomenologiczny. W szczególności van den Honert podkreślił, że "system roślinny" można uznać za odporność na przepływ wody przepływającej między glebą a atmosferą.

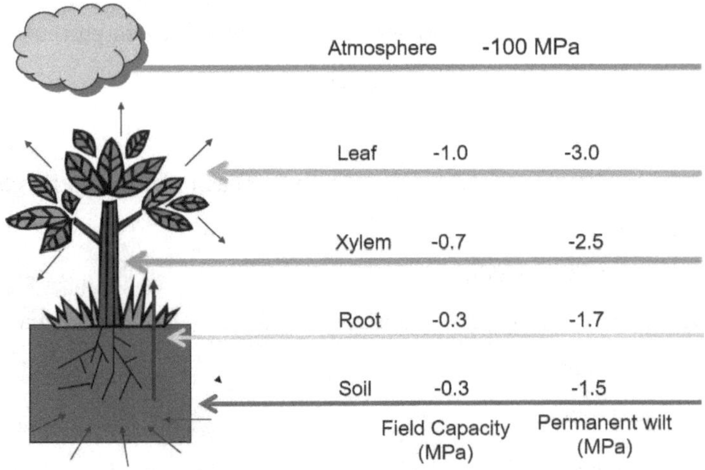

Rys. 5. Potencjał wodny w glebie-plaźnie-atmosferze Próżnia ciągła

Wilgotność gleby może mieć również bezpośredni wpływ na stan fizjologiczny bakterii i może ograniczać ich zdolność do rozkładu niektórych związków (np. substratów organicznych). Dostępność wody reguluje również właściwości podłoża i gleby, co w konsekwencji może wpływać na populacje drobnoustrojów i ich ogólną aktywność. Niektóre badania wykazały, że gatunki roślin mogą mieć silny wpływ na skład społeczny. Chen *et al.* (2007) badali interaktywny wpływ wilgotności gleby i gatunków roślin na zbiorowiska mikrobiologiczne w glebie, ale w badaniach tych nie zastosowano żadnego czujnika wilgotności gleby lub nie wymieniono go, dlatego też nie przedstawiono informacji o kalibracji, rozdzielczości, dokładności i pomiarach.

3. Wilgotność gleby i system nawadniania

Jedną z najbardziej obiecujących obecnych strategii zwiększania efektywności wykorzystania wody do nawadniania jest stosowanie systemów nawadniania kropelkowego (rys. 6), które ułatwiają gospodarkę wodną ze względu na wysoko zlokalizowane zastosowanie wody i składników odżywczych oraz poprawę harmonogramu nawadniania. Chociaż można udowodnić, że nawadnianie kropelkowe jest o wiele bardziej wydajne niż inne systemy nawadniania, ponieważ nawadniana jest tylko strefa korzeniowa uprawianej powierzchni, niewłaściwe zarządzanie może prowadzić do marnowania wody lub wymywania rozpuszczalnych substancji chemicznych, takich jak azotany (Dukes *et al.*, 2007; Zotarelli *et al.*, 2011).

Rys. 6. Systemy nawadniania kroplowego w doniczce z pomidorami. System ułatwia gospodarkę wodną dzięki wysoko zlokalizowanej aplikacji wody i składników odżywczych (fot. Francesca Sanna).

Metody planowania nawadniania mogą być klasyfikowane jako statyczne lub dynamiczne. W podejściu statycznym, całkowita ilość wody do nawadniania jest przydzielana bez określania jej rozkładu czasowego w okresie wegetacyjnym. Z drugiej strony, w podejściu dynamicznym woda do nawadniania jest przydzielana w określonych krokach czasowych w okresie wegetacyjnym w celu osiągnięcia optymalnych warunków wilgotności gleby w strefie korzeniowej na każdym etapie wzrostu.

Planowanie nawadniania opiera się zazwyczaj na pomiarach środowiskowych, takich jak ewapotranspiracja i zawartość wody w glebie, lub na monitorowaniu stresu roślin i jest zazwyczaj zautomatyzowane. Automatyczny system nawadniania zazwyczaj składa się z urządzeń do wykrywania wilgotności gleby, systemu sterowania i elementów systemu nawadniania, ale czujniki wilgotności gleby oparte na automatycznych systemach nawadniania mogą mieć wpływ na wydajność i dokładność nawadniania, pozycjonowanie czujników i dokładność.

Kilka badań nad wydajnością elektryczną pojemności i częstotliwością czujników elektromagnetycznych (EM) omawia kwestie zmienności i dokładności pomiędzy czujnikami (Kargas i Kerkides, 2008; Kizito *i in.* , 2008; Parsons i Bandaranayake, 2008; Kargas i Soulis, 2012). Jeśli chodzi o zmienność między czujnikami, zgłaszane są zmiany aż do 0,04 cm3/cm3 . W większości przypadków dokładność czujników przy zastosowaniu równań kalibracyjnych producenta wynosi od 0,03 cm3/cm3 do 0,04 cm3/cm3. Jednakże przy zastosowaniu kalibracji specyficznej dla gleby można znacznie poprawić dokładność, osiągając 0,01 cm3/cm3 lub nawet lepiej.

van Iersel *i in.* (2009) zaobserwowali 83% oszczędności wody dzięki nawadnianiu sterowanemu czujnikami w porównaniu z regularnymi praktykami nawadniania. Wraz ze zmniejszonym zużyciem wody i kontrolą wzrostu, bardziej efektywne nawadnianie sterowane czujnikami wilgotności gleby może znacznie ograniczyć wymywanie, pozwalając na ograniczenie stosowania nawozów. Pomiar objętości odcieku i zawartości składników odżywczych pomoże w ilościowym określeniu korzyści dla środowiska wynikających z precyzyjnego nawadniania.

Bayer *et al.* (2013), w celu skutecznego ograniczenia zużycia wody bez obniżania jakości roślin, zbadali związek między wzrostem roślin a podłożem. Podłoże θ może być monitorowane przez rolników, co pozwala im na dostosowanie nawadniania w czasie rzeczywistym w celu dostosowania go do aktualnych potrzeb wodnych roślin.

W celu sprawdzenia, czy system nawadniania dokładnie utrzymywał różne θs, θ wszystkich doniczek zostało zmierzone na koniec badania za pomocą ręcznego czujnika wilgotności gleby (Theta Probe; Delta T Devices, Cambridge, U.K.), przy użyciu jedynie kalibracji fabrycznej dla podłoży bezglebowych i bez wykonywania dedykowanej kalibracji czujników.

Systemy nawadniania kropelkowego wywołanego wilgocią w glebie można modelować w sposób bardziej spójny poprzez wprowadzenie systemowego stanu granicznego, gdy rozważa się histerezę w charakterystycznej krzywej wody glebowej. Na dystrybucję wody w glebie podczas nawadniania kropelkowego mają wpływ przede wszystkim właściwości hydrauliczne gleby, szybkość zrzutu linii kroplujących, głębokość nawadniania, rozstaw linii kroplujących oraz przestrzenny i czasowy rozkład poboru wody z korzeni.

Prędkość, z jaką woda dostaje się do gleby, to szybkość infiltracji. Szybkość infiltracji jest zazwyczaj wyrażana w calach na godzinę. Woda pochodząca z opadów deszczu lub nawadniania musi najpierw dostać się do gleby, aby była cenna dla rośliny. Jest to ważne w nawadnianiu, ponieważ infiltracja jest uważana za wskaźnik zdolności gleby do przemieszczania się wody do i przez profil glebowy. Gleba tymczasowo magazynuje wodę, udostępniając ją do pobierania korzeni, wzrostu roślin i siedlisk dla organizmów glebowych. Gdy woda jest dostarczana w tempie przekraczającym zdolność infiltracji gleby, przesuwa się ona w dół zbocza w postaci spływu na zboczach lub stawów na powierzchni terenu poziomego. Gdy spływ odbywa się na glebie słabo lub słabo wegetatywnej, dochodzi do erozji. Spływ niesie ze sobą substancje odżywcze, chemiczne i glebę, co powoduje zmniejszenie wydajności gleby, sedymentację pozazakładową zbiorników wodnych i pogorszenie jakości wody. Sedymentacja zmniejsza pojemność magazynową zbiorników i strumieni oraz może prowadzić do powodzi. Dlatego też znajomość stopnia infiltracji gleby jest ważna przy wyborze dobrej metody nawadniania.

Biorąc pod uwagę wpływ położenia czujników wilgotności gleby na skuteczność nawadniania, Soulis *i in.* (2015) zaobserwowali znaczne zróżnicowanie skuteczności nawadniania w poszczególnych badanych pozycjach. W wielu przypadkach to zróżnicowanie było większe niż różnice pomiędzy różnymi konfiguracjami systemów nawadniania. Podkreśla to znaczenie właściwego rozmieszczenia czujników wilgotności gleby napędzających automatyczne systemy planowania nawadniania. Co więcej, różnice w wydajności nawadniania różnią się w zależności od konfiguracji systemu nawadniania i badanych typów gleby (rysunek 7). Zaobserwowano wysokie odchylenia standardowe. Mogą one wynikać ze zmienności reprezentatywności odczytów czujników oraz z warunków sprzyjających pionowemu przemieszczaniu się frontu zwilżającego przez profil glebowy, np. gleby gruboziarniste. Autorzy twierdzą, że we wszystkich badanych przypadkach najbardziej odpowiednie położenie było 11 cm od linii kroplującej i 10 cm poniżej powierzchni gleby (X = 11 cm, Z = 10 cm). Wadą jest to, że czujniki umieszczone są głębiej w profilu glebowym, ponieważ parowanie gleby jest ograniczone i nie jest w stanie zrównoważyć zwiększonych wartości głębokiej perkolacji ze względu na zwiększone wartości zawartości wody w glebie w dolnej części strefy korzeniowej, co prowadzi do częstszych nawadnień.

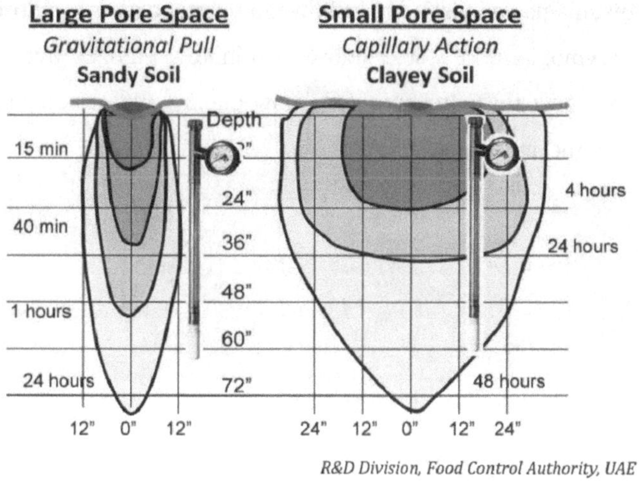

Rys. 7. Ruch porównawczy wody na glebach piaszczystych i gliniastych. Na glebach piaszczystych woda łatwo przesuwa się w dół dzięki przyciąganiu grawitacyjnemu. W glebach gliniastych woda porusza się powoli we wszystkich kierunkach poprzez działanie kapilarne. Pozycja czujnika jest ważna dla prawidłowego wykrywania wilgotności gleby.

Ponadto istnieje znaczne zróżnicowanie w reprezentatywności czujników w zależności od pozycji ich odczytów w stosunku do średniej zawartości wody w glebie w strefie korzeniowej. Mogą się one różnić w zależności od właściwości hydraulicznych gleby lub warunków meteorologicznych. W niektórych przypadkach najbardziej reprezentatywna pozycja czujnika nie musi być związana z najlepszą wydajnością nawadniania. Dlatego też bardziej reprezentatywne odczyty czujników ułatwiają zarządzanie nawadnianiem, ponieważ dostarczają dokładniejszych informacji na temat przeciętnych warunków w strefie korzeniowej.

Soulis i współpracownicy (2015) zbadali wpływ dokładności czujników na sprawność czujnika wilgotności gleby i zauważyli, że poziomy błędów rzędu ± 0,03 cm3/cm3 są generalnie optymistyczne dla wielu czujników EM przy użyciu fabrycznych równań kalibracyjnych w normalnych warunkach, a w szczególnych przypadkach może to być nawet ± 0,05 cm3/cm3. W związku z tym kalibracja czujników EM stosowanych w systemach planowania nawadniania kropelkowego opartego na wilgotności gleby jest podstawowym wymogiem, a dokładność czujników może być czynnikiem decydującym o powodzeniu wdrożenia systemów planowania nawadniania opartego na czujnikach wilgotności gleby.

4. Najnowocześniejsze techniki pomiaru wilgotności gleby

Wcześniejsi naukowcy opracowali kilka technik pomiaru wilgotności gleby, takich jak: termo grawimetryczne, rozpraszanie neutronów, oporność gleby, techniki dielektryczne, takie jak reflektometria w dziedzinie czasu, reflektometria w dziedzinie częstotliwości i pojemności, itp. (Susha *i in.* 2014).

Ilość wilgoci zawartej w glebie może być wyrażona w procentach jako grawimetryczna zawartość wilgoci *w glebie, w* lub jako objętościowa zawartość wilgoci w glebie, θ. Wartość "*w*" *definiuje* się jako stosunek masy wilgoci zawartej w próbce gleby do jej suchej masy, θ definiuje się jako stosunek objętości wilgoci obecnej w glebie do całkowitej objętości gleby (Robinson *i in.* 2008). Oba te parametry są powiązane zgodnie z równaniem 2.

$$\theta = W * (\gamma_d / \gamma_w) \quad \text{(Eq. 2)}$$

Gdzie γ_d jest suchą jednostkową wagą masy gleby oraz γ_w jest jednostkową wagą wody

Sprawozdanie to podsumuje wyniki przeglądu literatury na temat metod pomiaru wilgotności gleby i kalibracji. Badanie zostało przeprowadzone za pośrednictwem opublikowanych czasopism, referatów konferencyjnych i podręczników. Słowa kluczowe użyte do przeszukiwania publikacji za pośrednictwem 'Web of Science' to 'Metody pomiaru wilgotności gleby' lub 'Kalibracja pomiaru wilgotności gleby' i 'Niepewność pomiaru wilgotności gleby'. W ciągu ostatnich 40 lat (od 1975 r. do 2015 r.) opublikowano 2209 wyników spełniających kryteria wyszukiwania, w tym 2163 artykuły, 141 prac i 45 recenzji, 2 rozdziały książki.

5. Rodzaje technik pomiaru wilgotności gleby

Istnieje szereg technik stosowanych do pomiaru wilgotności gleby. Niektóre z nich są technikami "bezpośrednimi", które mogą być wykorzystane do kalibracji innych "technik pośrednich". Przedstawiono kompleksowe przeglądy technik pomiaru wilgotności gleby (Przewodnik po instrumentach meteorologicznych i metodach obserwacji 2010; Susha Lekshmi *i in.* , 2014), które można skategoryzować poniżej (rys. 8).

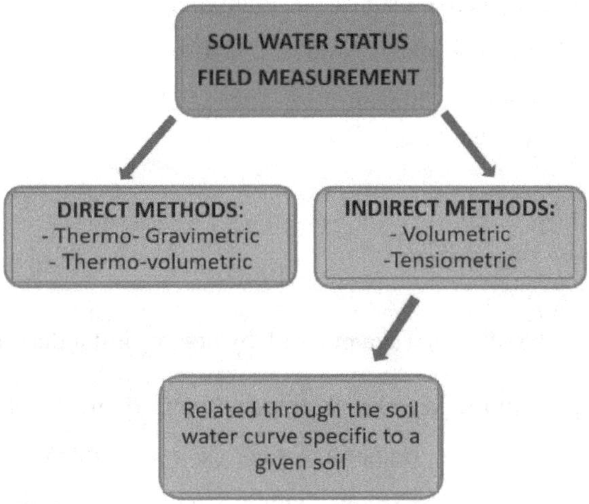

Rys. 8. Metody pomiaru wilgotności gleby

Do określenia wilgotności gleby zastosowano różne techniki, w tym klasyczne i nowoczesne, zarówno do pomiarów laboratoryjnych, jak i in situ. Dostępne metody uzyskiwania wilgotności gleby obejmują również pomiary bezpośrednie, pośrednie i zdalne.

Klasyczne techniki pomiaru wilgotności gleby obejmują technikę termo-grawimetryczną i technikę opartą na węgliku wapnia, podczas gdy nowoczesne techniki wykorzystują czujnik rezystywności gleby, tensjometry, bilans wilgotności w podczerwieni, techniki dielektryczne, takie jak reflektometria domen czasowych

(TDR), reflektometria domen częstotliwościowych (FDR) i technika pojemnościowa, czujniki wilgotności gleby w strumieniu cieplnym, systemy mikromechaniczne i techniki optyczne. Jednakże zarówno techniki klasyczne jak i nowoczesne wykazują niepewność związaną z dokładnością, precyzją, zasięgiem i objętością pomiarów (Evett, 2000).

5.1. Klasyczny pomiar wilgotności gleby

Klasyczny pomiar wilgotności gleby polega na usuwaniu wilgoci z próbki gleby przez odparowanie lub odczyn chemiczny. Dwa rodzaje technik:

5.1.1. Technika termo-grawimetryczna

Ta klasyczna metoda jest często nazywana "Loss on Drying (LoD)" lub techniką "Oven Drying", która polega na ważeniu objętości próbki gleby przed i po suszeniu w piecu. Ubytek masy po wysuszeniu dzieli się przez masę przed suszeniem, aby uzyskać wilgotność próbki gleby (ASTM D 2216, 2008). Technika termo-grawimetryczna została zastosowana jako standardowy punkt odniesienia dla oznaczania wilgotności gleby. Technika ta zapewnia dokładny pomiar wilgotności i nie jest zależna od zasolenia i rodzaju gleby. Jest to jednak zazwyczaj czasochłonne, ponieważ procedura suszenia i ważenia może wymagać kilkukrotnego powtarzania, aż różnica w dwóch kolejnych ważeniach spełni ustalone kryterium, może to zająć kilka godzin, a nawet kilka dni. Jest to badanie niszczące, ponieważ próbka gleby poddana suszeniu w piecu nie może być użyta do powtarzalnych pomiarów, ponieważ jej struktura ulega zaburzeniu (Zazueta i Xin, 1994). Ta technika jest zazwyczaj metodą laboratoryjną.

5.1.2. Technika węglika wapnia

Drugim z nich jest technika szybkiego oznaczania wilgotności gleby węglikiem wapnia, która może być stosowana w laboratorium lub w terenie. Określenie zawartości wilgoci jest realizowane poprzez pomiar ciśnienia powstałego w wyniku reakcji chemicznej węglika wapnia z wilgocią w glebie w szczelnym zbiorniku. Wytworzony gaz acetylenowy jest proporcjonalny do zawartości wilgoci w glebie.

Wilgotność gleby określana jest na podstawie ciśnienia gazu powstającego w wyniku reakcji chemicznej odczynnika zawierającego węglik wapnia z wilgocią zawartą w gazie acetylenowym wytwarzanym proporcjonalnie do ilości wilgoci dostępnej w glebie i mierzonym poprzez zamknięcie powstałego gazu w szczelnej komorze. Technika ta jest metodą pośrednią, którą można skalibrować w porównaniu z techniką grawimetryczną (ASTM D 4944, 2008), ale niektóre gleby gliniaste o wysokiej plastyczności lub inne gleby, które nie są wystarczająco kruche, by się rozbić, mogą nie dać reprezentatywnych wyników.

Hillel (1982) poinformował, że standardowa metoda suszenia w piecu jest arbitralna, ponieważ niektóre gliny mogą nadal zawierać zauważalne ilości wilgoci nawet w temperaturze 105 °C. Wręcz przeciwnie, niektóre substancje organiczne mogą się utleniać i rozkładać w tej temperaturze, tak że utrata masy nie może być całkowicie spowodowana odparowaniem wilgoci. Autor zasugerował jednak, że błędy związane z tą metodą można ograniczyć poprzez zwiększenie liczby próbek, jak również poprzez uzyskanie próbek o minimalnych zakłóceniach ze strony internetowej.

5.2. Nowoczesne techniki pomiaru wilgotności gleby

Nowoczesne techniki pomiaru wilgotności gleby wykorzystują właściwości elektryczne gleby, potencjał wilgotności gleby, promieniowanie podczerwone i techniki radioaktywne i mogą być stosowane zarówno w laboratorium jak i na miejscu.

5.2.1. Technika rozpraszania neutronów

Przemyślana technika szacowania θ w polu jest **Neutron Scattering** (NS), (Jayawardane *i in.* , 1984), który wykorzystuje źródło szybkich neutronów o wysokiej energii 5 MeV emitowanych ze źródła radioaktywnego są rozproszone przez jądra wodoru w glebie i tracą swoją energię. A następnie wykrywane są rozproszone neutrony o niskiej energii około 0,025 eV. Ponieważ większość atomów wodoru jest związana z molekułami wilgoci w glebie. Dlatego też utracona energia neutronów będzie proporcjonalna do wilgotności gleby. Chociaż radioaktywność tych źródeł Zmierzona przez NS zawartość wody w profilu glebowym jest przydatna do zastosowań rolniczych i środowiskowych, natomiast NS jest najbardziej nieprecyzyjny w pobliżu powierzchni gleby (Evett, 2000).

Jest to technika szybkiego pomiaru o reakcji 1-2 min. Metoda ta ma tę zaletę, że umożliwia pomiar dużej objętości gleby, a także możliwość skanowania na kilku głębokościach w celu uzyskania profilu rozkładu wilgotności. NS jest uważany za najdokładniejszą technikę pomiaru wilgotności gleby, badanie nieniszczące, a wilgotność może być mierzona w każdej fazie. Głównymi wadami są jednak wysokie koszty początkowe przyrządu, niski stopień rozdzielczości przestrzennej, trudności w przenoszeniu z jednego miejsca pomiaru do drugiego oraz zagrożenie dla zdrowia związane z narażeniem na promieniowanie (Jarvis i Leeds-Harison, 1987), co prowadzi do wymogów dotyczących szkolenia w zakresie bezpieczeństwa, monitorowania i regulacji żeglugi i obsługi (Amoozegar *i in.* , 1989; Elder i Rasmunssen, 1994).

Technika ta może być skalibrowana w terenie lub w laboratorium metodą suszenia w piecu (105 °C przez 24 h dla próbek gleby (Evett *i in.* , 2007) lub 60 °C dla próbek stałych odpadów komunalnych (Yuen *i in.* , 1997).

5.2.2. Technika tłumienia gamma

Technika **tłumienia promieniowania gamma** jest techniką radioaktywną ograniczoną do głębokości gleby 25 mm lub mniejszej przy wysokiej rozdzielczości. Technika ta zakłada, że rozproszenie i absorpcja promieni gamma są związane z gęstością nasycenia gleby, która zmienia się wraz ze wzrostem lub spadkiem wilgotności gleby. Dlatego też poprzez pomiar rozproszenia i absorpcji promieni gamma można określić wilgotność gleby (Alwis *i in.* , 2013). Ponieważ technika ta opiera się na założeniu, że ciężar właściwy gleby pozostaje stały, gdy zmienia się jej wilgotność, dlatego zmiana gęstości nasypowej gleby wpływa na dokładność pomiaru.

Standardowe techniki grawimetryczne są wykorzystywane do kalibracji techniki tłumienia gamma (Carroll, 1981). Jest to nieniszcząca technika in situ, której czas reakcji jest w przybliżeniu krótszy niż 1 minuta. Niemniej jednak zmiany gęstości nasypowej gleby mogą mieć na nią wpływ i są bardziej niebezpieczne dla pracy niż NS, a koszty operacyjne są stosunkowo wysokie (Zazueta i Xin, 1994).

5.2.3. Radar gruntowy penetrujący (GPR)

Radar penetrujący grunt to nieinwazyjna technika wysokiej rozdzielczości służąca do pomiaru wilgotności gleby na dużej powierzchni i pod powierzchnią ziemi. Fale elektromagnetyczne wykorzystywane w tym zastosowaniu znajdują się w zakresie częstotliwości od 1 MHz do 1 GHz. GPR mierzy czas podróży bezpośredniej fali ziemskiej przechodzącej od anteny źródłowej do anteny odbiorczej przez najwyższą warstwę gruntu. Ponieważ czas podróży jest związany ze stałą dielektryczną gleby, dlatego też technika ta jest również techniką dielektryczną podobną do reflektometrii w dziedzinie czasu (TDR). Komplikacja tej techniki polega na tym, że do uzyskania dobrej jakości danych i prawidłowych interpretacji potrzebna jest wysoka wiedza użytkownika końcowego. Inną wadą tej techniki jest to, że georadar nie jest w stanie uzyskać dobrych wyników w słonej glebie ze względu na tłumienie sygnału w glebie o dużej przewodności objętościowej większej niż 1 dS/m (Macdonald i Kenan, 1987; Robert, 1998). W jednej z literatur stwierdzono, że technika GPR została zwalidowana w laboratorium przy użyciu warstwy gleby piaszczystej o grubości 15 cm w drewnianym zbiorniku o wymiarach 1,5 m × 1,5 m. Zawartość wody objętościowej w warstwie gleby piaszczystej wahała się od 0 -0,32 cm3/cm3 , którą określono metodą suszenia w piecu (Tran *i in.* , 2014).

5.3. Techniki pomiarowe oparte na dielektrycznych właściwościach gleby

Time Domain Reflectometry **(TDR),** technika pojemnościowa i Frequency Domain Reflectometry **(FDR)** są głównymi technikami stosowanymi do pomiaru wilgotności gleby, które wykorzystują właściwości dielektryczne gleby.

5.3.1. Technika reflektometrii domen czasowych (TDR)

Koncepcja polega na tym, że stała dielektryczna gleby suchej i czystej wody wynosi odpowiednio od 2 do 5 i 81, przy czym TDR mierzy pozorną stałą dielektryczną gleby w celu określenia jej wilgotności (Ledieu *i in.*, 1986; Rao i Singh, 2011; Laloy *i in.*, 2014). Zależność pozornej stałej dielektrycznej (ε) z czasem przejścia (t) impulsu elektromagnetycznego, a długość (L) sondy określa się za pomocą poniższego równania 3:

$$\varepsilon = \left(\frac{ct}{2L}\right)^2 \qquad \text{(Eq. 3)}$$

gdzie c jest prędkością światła w próżni ($3 \times {}^{108}$ m/s).

Wolumetryczna zawartość wody (θ) jest empirycznie związana z pozorną stałą dielektryczną za pomocą następującego równania 4:

$$\theta = A\varepsilon^3 - B\varepsilon^2 - C\varepsilon - D \qquad \text{(Eq. 4)}$$

gdzie A, B, C i D są stałymi odpowiednio $4{,}3 \times {}^{10\text{-}6}$, 5,5 × 10-4, 2,92 × 10-2 i 5,3 × 10-2. Z powyższych równań wynika, że objętościowa zawartość wody może być określona poprzez pomiar opóźnienia w czasie pomiędzy wystąpieniem i odbitymi impulsami elektromagnetycznymi, które propagują równoległy przewodnik falowy utworzony przez sondę i przewodniki.

Wpływ temperatury jest znikomy na pomiary dopuszczalności elektrycznej sprawia, że TDR i FDR są dokładniejsze w określaniu wilgotności gleby w glebach płytkich.

Głównymi zaletami TDR są wysoka rozdzielczość czasowa, szybkość akwizycji (ok. 28 s) oraz powtarzalność pomiarów. Większość z tych TDR-ów została zaprojektowana z myślą o praktykach rolniczych. Zaletą jest lepsze pokrycie przestrzenne i uśrednianie wilgotności gleby na poziomie 0,3-0,6 m głębokości. Wykonanie wielu powtarzających się pomiarów jest jednak czasochłonne (Robinson *i in.*, 2008). Technika ta jest niezależna od tekstury gleby, temperatury i zawartości soli i może być zautomatyzowana. Główną wadą jest wysoki koszt początkowy, utrata refleksów w glebie o wysokim zasoleniu i wzrost przewodności przy zwilżaniu masy gleby. (Noborio, 2001).

TDR został przystosowany do montażu na ruchomych platformach, takich jak ciągniki, pojazdy terenowe lub przystosowane platformy natryskowe.

Kalibrację tej techniki wykonuje się w porównaniu do standardowej metody grawimetrycznej (Wang i Wang, 2008). Porównanie wilgotności objętościowej TDR z wilgotnością grawimetryczną wykazało, że różnica ta jest mniejsza niż 3%. Ponadto, zmienność gęstości gleby wpływa na pomiar wilgotności gleby TDR z czasem (Topp *i in.*, 1982). Evett i Steiner (1995) stwierdzili, że techniki te umożliwiają rejestrację danych i pracę bez nadzoru. Jednak autorzy ujawnili również niepewność co do precyzji i dokładności tych technik. Pepin *et al.* (1995) stwierdzili, że istotnym źródłem błędu w oszacowaniu wilgotności gleby przy użyciu TDR jest niepewność w określeniu czasu rozmnożenia.

Mittelbach *i in.* (2012) przeprowadzili w ciągu dwóch lat w glinianym gruncie badanie porównawcze trzech tanich czujników wilgotności gleby i czujnika TDR o wysokiej dokładności i wysokich kosztach. Autorzy dokonali oceny tych czujników na podstawie danych dotyczących dziennej objętościowej wilgotności gleby oraz zależności pomiarów od temperatury. Naukowcy wykazali, że wszystkie oceniane tanie czujniki miały niespójne działanie, były niewrażliwe na określone warunki wilgotnościowe gleby i w niewielkim stopniu zależne od jej temperatury. Ponadto, kalibracja specyficzna dla danego miejsca jest niezbędna do interpretacji pomiarów wilgotności gleby za pomocą tanich czujników wilgotności gleby w celu uzyskania lepszej dokładności pomiarów.

5.3.2. Technika pojemnościowa

Techniki oparte na pojemności mają obwód oscylacyjny i część czujnikową, która jest osadzona w glebie. Medium kondensatora jest gleba. Zawartość wilgoci w glebie zmieni pojemność kondensatora i tym samym częstotliwość pracy obwodu oscylacyjnego. Dzięki temu wilgotność gleby można wykryć poprzez pomiar zmiany częstotliwości pracy (10 - 150 MHz). Technika ta określa dielektryczną dopuszczalność/stałą dielektryczną ośrodka poprzez pomiar czasu ładowania kondensatora, który używa tego ośrodka jako dielektryka.

Technika pojemnościowa może być skalibrowana na podstawie próbek grawimetrycznych zebranych w szerokim zakresie zawartości wody (Robinson i Dean, 1993).

5.3.3. Technika reflektometrii domenowej częstotliwości (FDR)

Reflektometria domeny częstotliwości wykorzystuje częstotliwość zmiennoprzecinkową do zbierania danych w szerokim zakresie częstotliwości. Jego zasada działania jest podobna do techniki pojemnościowej. Obie techniki są specyficzne dla danej gleby, dlatego też podczas ich realizacji konieczne jest częste kalibrowanie. (Whalley *i in.*, 1992; Gardner i Dean, 1997; Mwale i *in.* , 2005; Seyfried *i in.* , 2005; Almeida *i in.*, 2014; Mizuguchi *i in.*, 2015). Koszt początkowy tych instrumentów jest stosunkowo niższy niż TDR.

Seyfried *et al.* (2005) stwierdzili, że zależności kalibracji wynikające z wyników badań nie odpowiadają zależnościom dostarczonym przez producenta. Ponadto, autorzy twierdzili, że złożona stała dielektryczna jest zależna od temperatury. Lin (2003) poinformował, że FDR pozwala na zwiększenie przepustowości pasma i w ten sposób zwiększa dokładność danych dotyczących pomiaru wilgotności gleby. Autor stwierdził, że analiza FDR oferuje większy potencjał niż TDR. Również powtarzalność pomiaru sondy FDR jest lepsza, w szczególności w glebach o wilgotności objętościowej mniejszej niż 5% (Rao i Singh, 2011). Sonda FDR ma ograniczenie pokazywania błędnych wyników, jest wrażliwa na szczeliny powietrzne pomiędzy ziemią, rurką dostępową i sondą.

5.4. Impedancja elektryczna lub technika przewodnościowa

Prąd stały lub zmienny jest przekazywany pomiędzy elektrodami przez glebę. Impedancja lub przewodnictwo mogą być mierzone (Ungar *i in.*, 1992; Gaskin i Miller, 1996; Rinaldi i Francisca, 1999; Kaleita *i in.*, 2005; Bullied *i in.*, 2007). Ponieważ czysta woda i większość substancji stałych w glebie nie przewodzi prądu, mierzona jest obecność roztworu wodnego. Chociaż jest to metoda prosta, na mierzoną impedancję lub przewodność wpływają inne substancje przewodzące w glebie, takie jak sole i niejednorodność w glebie. Efekt powierzchniowy może zdominować wyniki. Standardem odniesienia dla kalibracji tego typu przyrządów jest technika grawimetryczna, w której próbki gleby są pobierane w pierwotnej strefie oddziaływania czujnika (Tsegaye *i in.*, 2004).

5.5. Technika czujnika oporności gruntu

Technika ta polega na tym, że wraz ze wzrostem wilgotności gleby zmniejsza się jej oporność. Kwantyfikacji oporności gleby można dokonać poprzez pomiar albo oporności pomiędzy elektrodami w glebie, albo oporności materiału, który jest w stanie równowagi z glebą (Robinson *i in.* , 2008). Zastosowanie **porowatych bloków** do oszacowania potencjału matrycznego jest jedną z najczęściej stosowanych metod, zawierającą dwie elektrody połączone z kablem. Kiedy urządzenie jest zakopane w ziemi, wilgoć będzie się przemieszczać w bloku lub z niego, aż do momentu, gdy potencjał macierzysty bloku i gleby będzie taki sam. Kalibrację można wykonać dla każdej konkretnej gleby w ciągu 2-3 godzin. Zaletą tego systemu jest niski koszt i możliwość pomiaru tego samego miejsca na polu przez cały sezon. Główną wadą jest wymóg indywidualnej kalibracji i awarii w słonej glebie (Zazueta i Xin, 1994).

5.6. Technika termicznego rozpraszania ciepła (Thermal Dissipation)

W glebie niespędzonej zmiany objętościowej pojemności cieplnej gleby wynikają przede wszystkim ze zmian zawartości wody w glebie. **Termiczne bloki rozpraszające wykonane są** z porowatego materiału ceramicznego. Grzałka jest osadzona wewnątrz porowatego bloku, który jest wprowadzany do gleby i jest przymocowany do czujnika temperatury umieszczonego na powierzchni za pomocą kabla. Poprzez przyłożenie napięcia do wewnętrznej grzałki mierzona jest szybkość przewodzenia ciepła z dala od grzałki. Jest to związane z wilgotnością gleby, a tym samym jej napięciem. Odprowadzanie ciepła z wewnętrznej nagrzewnicy w bloku jest związane z wilgotnością gleby wokół bloku. Im wyższa jest zawartość wilgoci, tym szybsze będzie przewodzenie ciepła (Dong *i in.*, 2014). Urządzenie to wymaga jednak kalibracji i jest droższe w porównaniu z blokiem oporowym (Noborio *i in.,* 1996). Jedna z literatury podaje, że sondy z czujnikami pojemności cieplnej były najpierw kalibrowane do znanej pojemności cieplnej wody w laboratorium, a następnie porównywane z pomiarami grawimetrycznymi w terenie (Tarara i Ham, 1997).

5.7. Techniki tensiometryczne

Technika tensjometryczna jest podstawową metodą pomiaru potencjału macierzyńskiego (napięcia kapilarnego) w glebie za pomocą tensjometru, w podobny sposób jak rośliny wysysają wodę z gleby.

Tensjometr składa się z porowatego ceramicznego kubka, który jest wypełniony wilgocią i zakopany w ziemi na dowolnej głębokości. Ceramiczny kubek jest połączony z rurką powietrznoszczelną wypełnioną wilgocią, posiadającą manometr połączony z rurką. Kiedy tensjometr jest zakopany w glebie, wilgoć wewnątrz porowatego kubka wchodzi w kontakt z glebą i ma tendencję do wyrównywania się z wilgocią gleby poprzez pory w ceramicznym kubku. Ta utrata wilgoci z rury szczelnej powoduje spadek jej ciśnienia hydrostatycznego, na co wskazuje manometr (Ridley i Burland, 1993; Leong i Rahardjo, 1997; Singh i Kuriyan, 2003). Potencjał metryczny gleby jest skorelowany z zawartością wody w glebie za pomocą krzywej charakterystycznej gleba-woda, którą należy określić doświadczalnie.

Główną wadą tensjometru jest to, że działa on tylko od zera do około 1atm, co stanowi niewielką część całego zakresu dostępnej wilgotności. Należy zaznaczyć, że tensjometry nie mierzą bezpośrednio wilgotności gleby, lecz jej potencjał macierzysty (efekt ssania).

Dolna granica wilgotności dla dobrego wzrostu większości upraw znajduje się poza zakresem tensjometru. Dlatego też oczywiste jest, że stosowanie tensjometru do planowania nawadniania może spowodować nadmierne nawadnianie, chyba że odczyty tensjometru zostaną połączone z informacją o wilgotności gleby. Sprzęt jest dobrze przystosowany do gleby piaszczystej, gdzie duża część dostępnej wilgoci jest utrzymywana w napięciu mniejszym niż 1 atm, ale mniej nadaje się do drobnej, teksturowanej ziemi, gdzie tylko niewielka część dostępnej ziemi jest utrzymywana w 1 atm. Chociaż tensjometr jest niedrogi i łatwy w montażu, wymaga regularnej konserwacji i zakłóca pracę gleby powyżej punktu pomiaru wilgotności gleby (Singh i Singh, 2010).

5.8. Czujnik systemu mikroelektromechanicznego (MEMS)

Czujnik wilgotności MEMS składa się z mikrofabrykowanej wiązki wspornikowej, która na swojej górnej powierzchni pokryta jest cienką warstwą polimeru. Gdy cienka warstwa ma kontakt z molekułami wilgoci w glebie, rozszerza się ona, aby skłonić wspornik do wygięcia się w dół, aż naprężenie w cienkiej warstwie spowodowane absorpcją wilgoci zostanie zrównoważone przez naprężenie w belce wspornika. Zmiana nośności spowodowana ugięciem belki wspornikowej jest mierzona za pomocą wbudowanego tensometru, który jest liniowo proporcjonalny do naprężenia ścinającego i koncentracji wilgoci w cienkiej warstwie. Ta zmiana nośności spowodowana wilgocią zależy głównie od grubości belki wspornikowej, modułu sprężystości i ilości wilgoci. Na czułość sensora MEMS ma wpływ tylko grubość i sztywność belki wspornikowej oraz niezależność od długości wspornika i naprężeń ścinających na styku wspornik-polimer. Czujnik MEMS został zatwierdzony najpierw w kontrolowanej komorze wilgotnej, a następnie w glebach o znanej wilgotności (Jackson *i in.*, 2008; Patil *i in.*, 2014).

5.9. Techniki optyczne

Techniki optyczne opierają się na zmianie charakterystyki światła padającego i odbitego, gdy przechodzi ono przez masę gleby. Istnieją trzy różne techniki optyczne wykorzystujące światło spolaryzowane, czujniki światłowodowe i czujniki bliskiej podczerwieni (NIR) (Alessi i Prunty 1986; Sayde *i in.*, 2010). Praktyczne zastosowania tych czujników do pomiaru wilgotności gleby nie zostały jeszcze ustalone (Kaleita *i in.*, 2005; Robinson *i in.*, 2008).

5.9.1. Technika światła spolaryzowanego

Opiera się na zasadzie, że obecność wilgoci na powierzchni odbicia ma tendencję do powodowania polaryzacji w odbitej wiązce. Światło monochromatyczne jest kierowane na powierzchnię gleby, a sygnały polaryzacji poziomej i pionowej są mierzone przez fotokomórkę za pomocą polaryzatora obrotowego. Procent spolaryzowanego światła widzialnego, który można określić na podstawie pomiarów sygnałów polaryzacji poziomej i pionowej, ma związek z wilgotnością gleby. Na kalibrację tej techniki ma wpływ rodzaj gleby i chropowatość jej powierzchni.

5.9.2. Technika czujników światłowodowych

wykorzystuje nieobłożony światłowód, który jest osadzony w ziemi. Tłumienie światła w włóknach, współczynnik załamania światła i krytyczny kąt tarcia wewnętrznego fali świetlnej zmieniają się wraz z wilgotnością gleby, która ma kontakt z włóknem (Kaleita *i in.*, 2005).

5.9.3. Technika optyczna w bliskiej podczerwieni

zależy od absorpcji molekularnej na różnych długościach fal przez wilgoć tylko na warstwach powierzchniowych. Istnieje kilka pasm absorpcji wilgoci w bliskiej podczerwieni. Najsilniejsza absorpcja występuje przy długości fali 1450, 1940 i 2950 nm. Technika ta ma zastosowanie wyłącznie do wilgotności warstw powierzchniowych gleby (Sims i Gamon, 2003; Eitel *i in.*, 2006; Clevers *i in.*, 2008). Jest to bezdotykowa i szybka technika wykrywania wilgoci; wyniki zależą od właściwości powierzchni gleby. Co więcej, szeroka zadaszenie roślinności ogranicza odbicie NIR od powierzchni gleby i tym samym może mieć wpływ na dokładność pomiaru przez czujnik.

Techniki optyczne mogą być zatwierdzone poprzez porównanie danych z danymi z grawimetrycznego oznaczania wilgotności (Edwards *i in.* , 2013).

5.10. Porównanie technik pomiaru wilgotności gleby

Dla porównania, w tabelach 1 i 2 wymieniono kilka szeroko stosowanych technik pomiaru wilgotności gleby. Widać, że każda technika ma swoje wady i zalety, nie ma jednej techniki, która spełniałaby wszystkie wymagania dotyczące szybkiego, niezawodnego, zautomatyzowanego i rozproszonego przestrzennie pomiaru wilgotności gleby. Inne cechy wymienione są w powyższych tabelach, takie jak: elastyczność, głębokość pomiaru, zasada, główne specyfikacje, czas odpowiedzi, mierzony parametr, koszt (w dolarach amerykańskich) oraz uwagi w tabeli 1. Zakres odczytu, dokładność z kalibracją specyficzną dla danej gleby, objętość pomiarowa, zdolność pozyskiwania drewna, wpływ zasolenia, rodzaj gleby nie zalecany i koszt w tabeli 2.

Tabela 1. Porównanie niektórych powszechnie stosowanych technik pomiaru wilgotności gleby (Susha, 2014)

Sensor	**Thermo-gravimetric technique**	**Neutron moisture meter**	**TDR**	**Capacitance technique and FDR**	**Resistive sensor**	**Thermal dissipation block**
Flexibility	Lab scale	In-situ	In situ/lab	In situ/lab	In-situ/lab	In situ/lab
Depth of measurement	Any depth	< 0.3 m	0.3 – 0.6 m	1 m	0.1 -0.3 m	0.1 – 0.3 m
Principle	Evaporation/chemical action	Neutron scattering	Dielectric constant	Dielectric constant	Electrical resistance	Heat dissipation
Major specifications	105 °C	Mean energy 3 MeV fast neutron is the input	Operation frequency up to 1 GHz	Operational frequency 10 – 150 MHz	1 – 15 atm	50 – 200 mA
Response time	24 h	1 – 2 min	28 s	Instantaneous	2 -3 h	2 – 3 h
Measured parameter	Gravimetric soil moisture content	Volumetric soil moisture content	Volumetric soil moisture content	Volumetric soil moisture content	Volumetric soil moisture content	Volumetric soil moisture content
Cost ($US)	~ 400	~ 10,000	~ 8,000	100 – 4,000	mag-30	100 - 150
Remarks	No health risk, time consuming, destructive,	Health risk, immediate response, more suitable in subsurface soil	No health risk, non-invasive, immediate response, fails in highly saline soil, frequency dependent	No health risk, requires individual calibration, fails in highly saline soils, frequency dependent	No health risk, time consuming	No health risk, requires individual calibration

Tabela 2 Porównanie niektórych powszechnie stosowanych technik pomiaru wilgotności gleby

Sensors	Neutron moderation	TDR	FD (capacitance and FDR)	ADR (impedance)	Heat dissipation
Reading range	0 – 60 %	5 – 50 %	0 - saturation	0 - saturation	10 – 100 bar
Accuracy with soil specific calibration	± 0.5 %	± 1 %	± 1 %	± 1 - 5 %	7 % absolute deviation
Measurement volume	Sphere (6 – 16 inch, radius)	~1.2 inch, radius along length of waveguides	Sphere (~ 1.6 inch, radius)	Cylinder (~1.2 inch)	Sphere (~ 1.6 inch, radius)
Logging capability	No	depends	Yes	yes	Yes
Affected by salinity	No	High level	Minimal	No	No
Soil type not recommended	None	Organic, dense, salt, high clay soils	None	None	Coarse soils
Cost ($US)	10,000 – 15,000	400 – 23,000	100 – 3,500	500 - 700	300 – 500

6. Teledetekcja pomiarów wilgotności gleby

Wilgotność gleby jest bardzo zmienna w czasie i przestrzeni; pojedynczy pomiar lokalny nie może zapewnić pełnej wiedzy na temat regionalnej wilgotności gleby. Wilgotność gleby w skali kontynentalnej lub nawet globalnej ma kluczowe znaczenie dla rolnictwa i prognozowania pogody. Wymagania te prowadzą do rozwoju technik teledetekcji powietrznej lub kosmicznej do pomiaru wilgotności gleby przy użyciu samolotów i satelitów, na przykład projekt NASA dotyczący satelity Soil Moisture Active Passive (SMAP) (McNairn *i in.*, 2015) oraz misja Europejskiej Agencji Kosmicznej dotycząca satelity Soil Moisture and Ocean Salinity (SMOS) (Feng i Astin, 2015). Te techniki teledetekcji mogą zapewnić obserwację wilgotności powierzchniowej na dużą skalę co jeden do dwóch dni w różnych warunkach (WMO-CIMO, 2014).

Zasada działania technik teledetekcji polega na pomiarze właściwości powierzchni Ziemi poprzez analizę interakcji pomiędzy podłożem a promieniowaniem elektromagnetycznym. Techniki te mogą mieć charakter pasywnego lub aktywnego teledetekcji, które są realizowane poprzez zapisywanie naturalnie emitowanego promieniowania z ziemi lub zapisywanie odbitego sygnału z ziemi, który jest laminowany promieniowaniem elektromagnetycznym. W zależności od długości fali elektromagnetycznej, techniki te mogą być mikrofalami lub promieniowaniem podczerwonym, które jest wrażliwe na stałe dielektryczne gleby i warunki termiczne odpowiednio.

6.1. Teledetekcja mikrofalowa

W teledetekcji mikrofalowej wykorzystuje się falę promieniowania o długości od 1 m do 1 cm (0,3 do 300 GHz). Ze względu na charakter długości fal, promieniowanie mikrofalowe może przenikać do ziemskiej atmosfery bez zakłóceń przez chmury. Co więcej, teledetekcja mikrofalowa nie jest zależna od oświetlenia słonecznego, technika ta może być stosowana w każdych warunkach pogodowych. Zgodnie z Prawem

Odbicia Fresnela istnieje związek pomiędzy stałą dielektryczną a odbijalnością powierzchni, tzn. wyższa stała dielektryczna powierzchni daje większe odbicie na powierzchni. Przy długości mikrofal, stała dielektryczna czystej wody jest o jeden rząd wielkości większa niż w przypadku gleby suchej. W porównaniu z podczerwienią, długość fali mikrofalowej jest dłuższa, co pozwala na przenikanie promieniowania mikrofalowego do gruntu do pewnego stopnia w celu uzyskania informacji o roślinności i podpowierzchniowych glebach.

6.2. Bierne mikrofalowe czujniki zdalnego sterowania

Technika pasywnego mikrofalowego zdalnego wykrywania, taka jak radiometry, rejestruje temperaturę jasności powierzchni Ziemi. Według Rayleigh-Jeans'a przybliżenie prawa Plancka, temperatura jasności jest funkcją temperatury fizycznej i emisyjności ciała. Emisyjność jest równa jednemu minusowi refleksyjności, który jest związany ze stałą dielektryczną. Dlatego też, poprzez pomiar temperatury jasności powierzchni Ziemi, można określić wilgotność.

6.3. Aktywne mikrofalowe czujniki zdalnego sterowania

Aktywna technika teledetekcji mikrofalowej, taka jak scatterometry i radary z syntezą apertury kosmicznej lub powietrznej (SAR), stale emituje krótkie impulsy kierunkowe na powierzchnię Ziemi i rekoduje odbite sygnały. Ilość energii odbitych sygnałów jest zależna od właściwości geometrycznych i dielektrycznych powierzchni Ziemi.

6.4. Pozyskiwanie wilgoci z gleby

Pasywne i aktywne techniki teledetekcji mikrofalowej mierzą odpowiednio temperaturę jasności i intensywność backscattered. Aby odzyskać wilgotność gleby przy użyciu tych technik, potrzebne są modele (algorytmy), które powinny być w stanie uwzględniać roślinność, chropowatość powierzchni, teksturę i inne czynniki, ponieważ na sygnały dla obu technik mają wpływ te czynniki (Chew *i in.*, 2015). Ze względu na złożoność modelowania pokrywy roślinnej, topografii terenu i warstw gleby, modele pozyskania znacznie się różnią i generują zupełnie inne wartości wilgotności gleby. Dlatego też konieczne jest zatwierdzenie i kalibracja tych modeli z prawdziwymi danymi uzyskanymi z obserwacji w terenie lub na miejscu w różnych warunkach środowiskowych przez pewien okres czasu. Na przykład, czujniki wilgotności zainstalowane na ziemi w wybranych miejscach (Tabatabaeenejad *i in.*, 2015), istniejące sieci czujników naziemnych i obserwatoria (Rotzeret *i in.* , 2014 Kang *i in.*, 2015; Zeng *i in.*, 2015). Jeśli chodzi o techniki pomiarów naziemnych do kalibracji, mogą to być grawimetryczne, impedancyjne i reflektometryczne w dziedzinie czasu (TDR), pomiary napięcia, metody pojemnościowe, dielektryczne (Thoma *i in.*, 2006; He *i in.*, 2014; Holzman *i in.*, 2014; Barber *i in.* , 2015; Zhang *i in.*, 2015).

6.5. Zdalne czujniki termowizyjne na podczerwień

Technika teledetekcji termicznej w podczerwieni wykrywa właściwości termiczne powierzchni ziemi, a wilgotność gleby jest uzyskiwana na podstawie wyraźnej różnicy właściwości termicznych między glebą a wodą. W porównaniu z technikami mikrofalowymi, technika termicznej podczerwieni oferuje wyższą rozdzielczość przestrzenną do kilku metrów. Ponadto, może dostarczyć informacji o wilgotności gleby nad gęstą roślinnością, co jest ograniczeniem technik mikrofalowych. Wadą jest to, że technika ta jest silnie uzależniona od warunków atmosferycznych, takich jak obecność chmury. Nie ma bezpośredniego związku pomiędzy danymi dotyczącymi temperatury a wilgotnością gleby. W celu uzyskania danych dotyczących wilgotności gleby potrzebne jest jedno z trzech podejść. Pierwsze podejście opiera się na empirycznej zależności pomiędzy temperaturą gleby, wilgotnością gleby i frakcyjną pokrywą roślinną. Drugie podejście wykorzystuje różnice we właściwościach termicznych pomiędzy wodą a glebą. Na przykład, woda ma stosunkowo dużą pojemność cieplną i bezwładność cieplną w porównaniu z innymi sprawami. Trzecie podejście polega na włączeniu danych termicznych do modeli terenu w oparciu o fakt, że wilgotność gleby kontroluje utajone strumienie ciepła poprzez odparowanie i transpirację. W porównaniu z modelami pobierania próbek technikami mikrofalowymi, model pobierania próbek metodą Atmosphere Land Exchange Inversion (ALEX) dla techniki cieplnej podczerwieni jest lepszy do szacowania wilgotności gleby nad gęstą roślinnością. Modele pobierania dla technik mikrofalowych są bardziej niezawodne dla roślinności niskiej i średniej (WMO-CIMO, 2014). Podobnie jak w przypadku technik teledetekcji mikrofalowej, metody pobierania próbek są zwalidowane na podstawie pomiarów wilgotności gleby na miejscu (Palluconi *i in.* , 1996; *i in.* , 2014).

7. Kalibracja technik pomiaru wilgotności gleby

7.1. Technika grawimetryczna

Techniki pośredniego pomiaru wilgotności gleby muszą być zawsze porównywane z technikami bezpośrednimi w celu uzyskania dokładnych pomiarów lub w celu połączenia sygnałów wyjściowych czujników bezpośrednio z wilgotnością gleby. Klasyczne suszenie w piecu jest prawdopodobnie najczęściej stosowaną ze wszystkich metod grawimetrycznych do pomiaru wilgotności gleby i zostało wykorzystane jako wzorzec do kalibracji wszystkich innych pośrednich technik oznaczania wilgotności gleby. Technika ta zapewnia "dokładność" pomiaru ±1% (Zazueta i Xin, 1994). Ze względu na destrukcyjny charakter pomiaru, powtarzanie pomiarów w dokładnie tym samym miejscu jest niemożliwe. Zróżnicowanie terenu w poszczególnych miejscach sprawia, że technika ta jest niedokładna i trudno ją stosować w środowiskach skalistych. Aby przenieść dane grawimetryczne o wilgotności gleby na dane wolumetryczne, należy znać gęstość nasypową gleby, której czasami nie można dokładnie określić (Muñoz-Carpena *i in.*, 2006).

7.2. Techniki jądrowe

7.2.1. Technika neutronowa

Aby zwiększyć odtwarzalność doświadczalną, zawartość wody w glebie nie jest wyprowadzana bezpośrednio z liczby wykrytych powolnych neutronów, ale raczej ze współczynnika liczenia (CR), podanego za pomocą równania 5:

$$CR = Csoil/Cbackground \qquad \text{(Eq. 5)}$$

Gdzie Csoil jest liczbą termalnych neutronów wykrytych w glebie, a Cbackground jest liczbą termalnych neutronów w ośrodku referencyjnym. Wszystkie instrumenty z sondami neutronowymi są obecnie wyposażone w wzorzec odniesienia dla tych kalibracji tła, zwykle przeciwko wodzie (IAEA, 2003).

Technika neutronowa może zapewnić "dokładność" około ±1%, jeśli jest prawidłowo skalibrowana. Krzywa kalibracyjna dostarczona przez producenta ma zazwyczaj związek pomiędzy współczynnikiem liczenia a wilgotnością gleby, która powstaje z gleby piaszczystej o różnej zawartości wody. Krzywa ta ma zastosowanie tylko dla objętościowych zawartości wody w zakresie od 0 do 33%. Kalibracja jest zatem konieczna dla różnych rodzajów gleby, rurki dostępowej o różnych wymiarach i różnych miejscach pomiaru. Kalibracja w terenie odbywa się poprzez sekwencyjne wprowadzanie rurek dostępowych bezpośrednio do gleby i odpowiednie zapisywanie danych w miarę postępu prac. Zawartość wody jest określana niezależnie od próbek pobieranych na każdej głębokości metodą grawimetryczną (Ward i Wittman, 2009).

Pobieranie próbek jest głównym problemem w kalibracji polowej. Teoretycznie, należy pobrać próbki gleby wystawionej na działanie sondy neutronowej w celu uzyskania wskaźnika liczenia, aby zmierzyć wilgotność gleby. Metoda neutronowa ma jednak dużą objętość detekcji kuli o średnicy około 30 cm, ale klasyczna metoda suszenia w piecu wykorzystuje znacznie mniejsze próbki. Niejednorodność gleby wprowadzi błąd w kalibracji. Błąd ten jest zazwyczaj minimalizowany przez pobranie kilku próbek do oznaczenia wilgotności wokół rurki dostępowej. Uzyskanie próbek gleby o szerokim zakresie wilgotności jest kolejną praktyczną kwestią, która jest naprawdę czasochłonna. Co więcej, gleba nie jest równomiernie mokra ani sucha, a zawartość wody mierzona przez sondę neutronową jest średnią w nieznanej objętości. W związku z tym zarówno pozycja, jak i objętość faktycznie zmierzonej gleby pozostają nieco niepewne, a zatem rozdzielczość głębokości jest wątpliwa.

Kalibracja laboratoryjna polega na zastosowaniu zapakowanych próbek gleby o różnej zawartości wody i różnej gęstości nasypowej. Próbka powinna być opakowana jednorodnie pod względem gęstości nasypowej i wilgotności gleby, co zazwyczaj jest trudne (MAEA, 2003).

Szczególnych rozważań wymaga kalibracja sond neutronowych do pomiaru zawartości wody w pobliżu powierzchni gleby. Ogólnie rzecz biorąc, nie zaleca się stosowania sond głębokościowych neutronów do wyznaczania powierzchni, chociaż opracowano do tego celu specjalnie zaprojektowane sondy neutronowe. Dzieje się tak dlatego, że gdy sonda neutronowa zostanie umieszczona blisko powierzchni gleby, niektóre neutrony wydostaną się z niej, co doprowadzi do błędu w liczeniu.

7.2.2. Technika gamma

Tłumienie promieniowania gamma jest alternatywną techniką jądrową do oznaczania wilgotności gleby. W porównaniu z techniką rozpraszania neutronów, technika tłumienia gamma ma znacznie mniejszy wpływ na pomiar, co czyni ją bardziej odpowiednią do profilowania głębokości gleby. Podobnie jak w przypadku techniki neutronowej, na technikę gamma wpływ ma również zmiana gęstości nasypowej gleby i zwykle wymagana jest kalibracja właściwa dla danego miejsca.

Ze względu na względną złożoność kalibracji, większość sond neutronowych/gamma jest kalibrowana przez producentów, a współczynniki kalibracji są przechowywane w mikroprocesorze. Niektóre sondy mogą być kalibrowane do określonych warunków glebowych w złożu poprzez automatyczną kompensację odchylenia od odczytu sondy w stosunku do wartości rzeczywistej mierzonej w laboratorium metodami grawimetrycznymi (MAEA, 2003).

Ciśnienie barometryczne może wpływać na emanację naturalnego radonu-222 z gleb powierzchniowych, a tym samym wpływać na współczynnik promieniowania gamma. Dlatego też kalibracja powinna uwzględniać wpływ ciśnienia atmosferycznego, jak również gęstości nasypowej gleby i głębokości instalacji sondy.

7.3. Techniki dielektryczne

7.3.1. Reflektometria w dziedzinie czasu (TDR)

Techniki dielektryczne pozwalają oszacować zawartość wody w glebie poprzez pomiar dopuszczalnej masy nasypowej gleby (lub stałej dielektrycznej), εktóra określa prędkość fali elektromagnetycznej lub impulsu przez glebę. Wspólnym podejściem do ustalenia zależności między stałą dielektryczną a objętościową zawartością wody w glebie (θv) jest empiryczne równanie (6) z Topp *i in.* (1980):

$$\theta v = -5,3 \times 10\text{-}2 + 2,29 \times 10\text{-}2\ \varepsilon\text{-}\ 5.5 \times 10\text{-}4\ \varepsilon^{2} + 4.3 \times 10\text{-}6\ \varepsilon 3 \qquad \text{(Eq. 6)}$$

Zależność ta dotyczy większości gleb mineralnych (niezależnie od składu i struktury) oraz objętości wody poniżej 50%. Ogólnie rzecz biorąc, TDR może zapewnić "dokładność" około ±1% dla pomiaru wilgotności gleby i jest zasadniczo niezależny od tekstury zolu, temperatury i zawartości soli. Jednakże w przypadku większej zawartości wody, gleb organicznych lub gleb wulkanicznych, w których występują większe ilości wody wiążącej, wymagana jest specyficzna kalibracja (Muñoz-Carpena *i in.,* 2006). Dzieje się tak dlatego, że dla wody wiążącej, zarówno ich zdolność do podążania za zmiennym polem elektrycznym, jak i stała dielektryczna są zredukowane (Jones *i in.,* 2002).

Podstawę tej techniki można opisać za pomocą następującej zależności (równanie 7):

$$\varepsilon = (c/v)^{2=}\ ((c \times t)/(2 \times L))^{2} \qquad \text{(Eq. 7)}$$

gdzie c jest prędkością fal elektromagnetycznych w próżni ($3 \times {}^{108}$ m/s), a L jest długością linii przesyłowej (wraz z kablem koncentrycznym i sondą) osadzonej w gruncie, a t jest czasem trwania fali poruszającej się wzdłuż linii przesyłowej.

W przypadku kalibracji laboratoryjnej, próbki zbiorcze gleby na miejscu są pobierane z pola i pozwalają na powolne suszenie na powietrzu przed zmieszaniem ich ze znaną masą wody w mieszarce obrotowej. Sonda TDR powinna być powiązana z próbką gleby w odpowiedniej odległości (np. > 50 mm) od ściany komory kalibracyjnej próbki w celu wyeliminowania efektów brzegowych. Zawartość wody w próbce jest następnie analizowana przy użyciu metody suszenia w piecu. Te dane kalibracyjne zostaną wykorzystane do modyfikacji współczynników w równaniu empirycznym. Ponieważ długość kabla ma pewien wpływ na pomiar stałej dielektrycznej, kalibracja również musi to brać pod uwagę.

W przypadku gleb z dużą ilością wody wiążącej, zawartość wody mierzona za pomocą TDR wzrasta wraz ze wzrostem temperatury w wyniku zmniejszenia się ilości wody wiążącej bez zmiany całkowitej masy wody (Jones *i in.,* 2002). Efekt temperaturowy musi być również brany pod uwagę podczas kalibracji sond TDR do pomiarów blisko powierzchni gleby, gdzie temperatura gleby może mieć wpływ na temperaturę atmosferyczną.

7.3.2. Domena częstotliwości (FD): pojemność i FDR

Pojemność i techniki reflektometryczne w dziedzinie częstotliwości oparte są na pomiarze częstotliwości rezonansowej kondensatora z glebą jako medium dielektrycznym, który jest podłączony do oscylatora. W porównaniu do TDR, który pracuje w zakresie GHz, pojemność i FDR pracują na znacznie niższej częstotliwości w zakresie MHz, zwykle poniżej 100 MHz. Przy niższych częstotliwościach, dielektryczność jest znacznie bardziej wrażliwa na skutki oddziaływania mikrostruktury gleby i interakcji gleba-ciecz. Może to dostarczyć informacji o właściwościach gleby na określonej powierzchni, ułamku ruchomej i nieruchomej wody oraz przewodności roztworu glebowego (Huisman *i in.*, 2004). Techniki te mają "dokładność" ±1% i ±5% z i bez kalibracji dla pomiarów wilgotności gleby. Z drugiej strony, ze względu na niską częstotliwość pracy, techniki FD wymagają kalibracji specyficznej dla danego miejsca, ponieważ dopuszczalna zawartość składników mineralnych w glebie może ulec zmianie, a na szacunki większy wpływ ma temperatura, zasolenie, gęstość nasypowa i zawartość gliny (Muñoz-Carpena *i in.*, 2006).

W przypadku sondy z domeną częstotliwościową zależność pomiędzy pierwiastkiem kwadratowym stałej dielektrycznej a sygnałem wyjściowym w napięciu może być opisana równaniem wielomianu 5-tego rzędu, na przykład dla sondy Theta (typ ML1) (Lukanu i Savage, 2006):

$$\sqrt{\varepsilon} = 1 + 6.19V - 9.72V^2 + 24.35V^3 - 30.84V^4 + 14.73V^5 \quad \text{(Eq. 8)}$$

Pomiary gleby odnoszą się do powietrza i są zazwyczaj kalibrowane za pomocą bloków dielektrycznych i/lub cieczy o znanych właściwościach dielektrycznych. Jedną z zalet stosowania płynów do kalibracji jest możliwość utrzymania idealnego kontaktu elektrycznego pomiędzy końcówką sondy a materiałem.

Objętościowa zawartość wody w glebie θv jest następnie obliczana ze stałej dielektrycznej przy użyciu stałych kalibracji gleby ao i a1 (równanie 9) (Lukanu i Savage, 2006):

$$\theta_v = \frac{\sqrt{\varepsilon} - a_o}{a_1} \quad \text{(Eq. 9)}$$

gdzie: ao jest pierwiastkiem kwadratowym stałej dielektrycznej suchej gleby, gdzie θv jest równe zeru orazεjest stałą dielektryczną dla gleby suchej obliczoną z wykorzystaniem zależności między ε i napięcie sygnału, tj. równanie 10:

$$a_o=\sqrt{\varepsilon_d} \quad \text{(Eq. 10)}$$

gdzie a1 jest różnicą między pierwiastkiem kwadratowym stałej dielektrycznej gleby nasyconej a pierwiastkiem dla gleby suchej podzielonym przez zawartość wody w glebie w momencie nasycenia (równanie 11):

$$a_1=\frac{\sqrt{\varepsilon_s}-\sqrt{\varepsilon_d}}{\theta_v(s)} \quad \text{(Eq. 11)}$$

Pierwiastek kwadratowy stałej dielektrycznej gleby w stanie nasycenia jest również obliczany za pomocą ε_si stosunek napięcia sygnału.ao i a1 są zazwyczaj dostarczane fabrycznie.

Techniki FD są generalnie zalecane do kalibracji w konkretnym miejscu, na przykład, minerały bogate w żelazo zostały zgłoszone do wpływu na pozorną stałą dielektryczną przy użyciu techniki FDR do pomiaru wody glebowej (Robinson *i in.*, 1994). W celu przeprowadzenia kalibracji laboratoryjnej z pola na różnych głębokościach, na których zostaną zainstalowane sondy, pobierane są niezakłócone rdzenie gruntowe (Campbell *i in.*, 1986) o określonych wymiarach (np. o średnicy 100 mm i grubości 80 mm). Do rdzeni glebowych wprowadza się sondę do pomiaru objętościowej zawartości wody. Następnie usuwany jest czujnik i ważone są rdzenie glebowe. Rdzenie glebowe są następnie suszone w piecu w temperaturze 105 °C przez 24 godziny i obliczana jest grawimetryczna zawartość wody. Objętościowa zawartość wody (θv) jest obliczana na podstawie grawimetrycznej zawartości wody i gęstości nasypowej próbek. Objętościową zawartość wody mierzoną przez sondy porównuje się z zawartością wody pochodzącą z metody grawimetrycznej. W celu kalibracji sond, tj. zastąpienia fabrycznie dostarczonych ao i a1 sondami oznaczonymi laboratoryjnie, najpierw nasyca się rdzenie glebowe, a następnie suszy się je powietrzem do określonego zakresu zawartości wody. Napięcie sygnałowe sond jest ponownie kodowane, a odpowiednia zawartość wody w glebie jest określana pomiędzy nasyceniem a powietrzem suchym.

Temperatura ma wpływ na napięcie sygnałowe sondy; ta zależność od temperatury musi być również określona poprzez dołączenie czujnika temperatury do korpusu sondy FD podczas kalibracji. Próbki powinny być pokryte folią aluminiową, aby zminimalizować parowanie wody, gdy są sztucznie podgrzewane za pomocą drutu grzejnego.

W przypadku kalibracji przy niskiej zawartości wody pomiędzy 0 a 0,15 $^{m3m-3}$, pomimo ostrych końcówek prętów (Lukanu i Savage, 2006), może być trudno wprowadzić sondy do rdzeni w twardej glebie bez ich uszkodzenia. Ze względu na małą strefę oddziaływania czujnika (około 1,6 cala), techniki FD oferują lepszą rozdzielczość niż TDR, ale z drugiej strony, jeśli są stosowane w skali terenowej, prawdopodobnie będą podlegać problemom zmienności przestrzennej (WMO-CIMO, 2014). Może to również wprowadzać pewne błędy do kalibracji, ponieważ rdzenie glebowe pobrane z pola mogą nie reprezentować w pełni gleb, w których zostaną zainstalowane sondy FD.

7.3.3. Reflektometria w dziedzinie amplitudy (ADR): Impedancja

Gdy fala elektromagnetyczna przemieszczająca się wzdłuż linii przesyłowej (TL) dotrze do gleb o różnej impedancji, część jej energii zostanie odbita z powrotem do nadajnika. Interakcja pomiędzy falą uderzeniową i odbitą będzie wytwarzać napięcie fali stojącej wzdłuż TL i zmieniać amplitudę fali na długości TL. Sygnał wyjściowy w napięciu sond jest proporcjonalny do różnicy amplitudy fali stojącej. Impedancja gleb obejmuje dwa składniki: przewodnictwo jonowe gleby i stałą dielektryczną. Częstotliwość sygnału, np. 100 MHz, może być tak dobrana, aby zminimalizować przewodnictwo jonowe, dzięki czemu zmiany impedancji linii przesyłowej są prawie wyłącznie zależne od stałej dielektrycznej. Technika ta ma "dokładność" ±1% i ±5% z i bez kalibracji (Muñoz-Carpena *i in.*, 2006).

Reakcja sensorów impedancyjnych na wilgotność gleby jest regulowana przez poniższe uogólnione równania (12), które zostały zoptymalizowane dla szerokiego zakresu typów gleb (Cosh *i in.* , 2005):

$$\sqrt{\varepsilon} = 1.07 + 6.4V - 6.4V^2 + 4.7V^3 \quad \text{(Eq 12)}$$

Poprzednie badania wykazały, że istnieje prosta liniowa zależność pomiędzy pierwiastkiem kwadratowym stałej dielektrycznej a objętościową zawartością wody (równanie 13) (Whalley, 1993; White *i in.*, 1994):

$$\sqrt{\varepsilon} = a_0 + a_1\theta_v \quad \text{(Eq. 13)}$$

Dla gleb mineralnych, ao i a1 wynoszą odpowiednio 1,6 i 8,4. Dla gleb organicznych wynoszą one odpowiednio 1,3 i 7,7. Wartości te są akceptowane dla zastosowań ogólnych.

Ponieważ sole rozpuszczone w wodzie porowej przyczyniają się do przewodnictwa jonowego gleby, wpływają one na dielektryczne czujniki pomiarowe. Czujniki są kalibrowane z glebą nie zasoloną, ale stosowane w glebie o wysokim zasoleniu będą wykazywać znaczny błąd ze względu na przewodnictwo jonowe. Dlatego dla dokładniejszych pomiarów zaleca się kalibrację specyficzną dla gleby. Czujniki są najpierw ponownie kalibrowane na nośniku ze znaną stałą dielektryczną, aby uzyskać zależność odpowiedzi pomiędzy stałą dielektryczną a napięciem wyjściowym. Zazwyczaj jest to zapewnione przez dostawców. W przypadku kalibracji specyficznej dla danej gleby, zaleca się wykonanie kalibracji dwupunktowej ze względu na jej prostotę i sprawiedliwe zastosowanie na glebach gliniastych i wysokoprzewodzących. Kalibracja ta jest wykonywana przy użyciu mgły i suchych gleb. Sucha ziemia jest suszona w piecu przez 24 godziny. Podstawowe kroki to:

(1) Wykonać odczyty Vm i Vd z mgły i próbek suchej ziemi.

(2) Zawartość wody w tych samych próbkach jest następnie mierzona metodą grawimetryczną i przeliczana na objętościową zawartość wody.

(3) $a_0 = \sqrt{\varepsilon}\text{-}a_1\theta$

(4) od $\theta_d = 0$,

(5) Tak więc $a_0 = \sqrt{\varepsilon_d}$

(6) $a_1 = (\sqrt{\theta_w}\text{-}\sqrt{\varepsilon_d})/(\theta_w\text{-}\theta_d)$,

(7) Znowu, $\theta_d = 0$,

(8) Tak więc $a_1 = (\sqrt{\varepsilon_w}\text{-}\sqrt{\varepsilon_d})/\theta_w$ (Eq. 14)

Dlatego też zależność między zawartością objętościową wody a napięciem wyjściowym można ustalić za pomocą zależności liniowej.

Ponieważ stosowanie sond impedancyjnych wymaga dobrego kontaktu sondy z glebą, obecność szczelin powietrznych, kamieni i porów gleby, zwłaszcza w glebie porowatej i na zebranych polach, może powodować pewne błędy w pomiarach. Kolejnym problemem jest pobieranie próbek gleby z pól do kalibracji, ponieważ próbki nie pochodzą z dokładnie tego samego miejsca, w którym zostanie zainstalowana sonda. Istotne jest, aby próbki te były pobierane z miejsca, które znajduje się jak najbliżej miejsca instalacji sondy. Ponadto kula wpływu sond impedancyjnych jest bardzo mała (ok. 0,7 cm3), jeśli zmienność gleby jest duża, wprowadzi to również błąd w kalibracji. Gęstość nasypowa próbek gleby powinna pozostać niezmieniona po pobraniu próbek gleby z pól, ponieważ zawartość wody objętościowej jest obliczana na podstawie grawimetrycznej zawartości wody z wykorzystaniem gęstości nasypowej gleby.

7.4. Radar gruntowy penetrujący (GPR)

Radar penetrujący grunt działa w podobny sposób jak TDR, ale jest to technika nieinwazyjna. GPR mierzy czas przemieszczania się fali ziemskiej pomiędzy anteną nadajnika a anteną odbiornika. Georadar ma rozdzielczość przestrzenną około jednego metra, co czyni go dobrą techniką do wypełnienia luki pomiędzy technikami in-situ a technikami zdalnymi. Prędkość propagacji *v* fali elektromagnetycznej w glebie charakteryzuje się dielektryczną przepustowością ε i przepuszczalnością magnetyczną μ ośrodka (równanie 15):

$$v = \frac{1}{\sqrt{\varepsilon\mu}} = \frac{1}{\sqrt{\varepsilon_o \varepsilon_r \mu_o \mu_r}} \qquad \text{(Eq. 15)}$$

gdzie = 8,854 x 10-12 Fm-1 to dopuszczalność wolnej przestrzeni, εr = ε/ε0 to względna stała dielektryczna ośrodka, $_0$ = 4 x $^{10\text{-}7}$ H m-1 to przepuszczalność magnetyczna wolnej przestrzeni, adris to względna przepuszczalność magnetyczna. W większości gleb właściwości magnetyczne są znikome, co daje równanie 16:

$$v = \frac{c}{\sqrt{\varepsilon_r}} \qquad \text{(Eq. 16)}$$

gdzie *c* = 3 x ^{108} m/s jest prędkością światła. W przypadku konfiguracji georadarowej do pomiaru wilgotności gleby znanym parametrem jest odległość przesuwu fali, a więc poprzez pomiar czasu przesuwu można obliczyć prędkość przesuwu fali, a więc stałą dielektryczną gruntu.

Jak omówiono w części poświęconej reflektometrii w dziedzinie czasu, jednym z najpopularniejszych modeli jest model empiryczny zwany równaniem Toppa (patrz 7.3.1, równanie 6):

Model ten dość dobrze sprawdza się w przypadku gleb piaszczysto-gliniastych w szerokim zakresie zawartości wody (5-50%) w zakresie częstotliwości GPR 10MHz - 1GHz, ale często jest uważany za nieodpowiedni dla gleb gliniastych i organicznych - bogatych, ponieważ model ten nie uwzględnia wyimaginowanej składowej dopuszczalności. Dla wielu różnych gleb obowiązuje złożony model współczynnika załamania światła (CRIM), który uwzględnia złożoną efektywną dopuszczalność wody ($_w$), luki powietrznej ($_g$) i $_{macierzy}$ ($_m$) (równanie 17) (Shen *i in.,* 1985):

$$\varepsilon^e = \{(\emptyset S_w\sqrt{\varepsilon_w}) + [(1 + \emptyset)\sqrt{\varepsilon_m}] + [\emptyset(1\text{-}S_w)\sqrt{\varepsilon_g}]\}^2 \qquad \text{(Eq. 17)}$$

Gdzie: to porowatość, a $_{Sw=}$ to nasycenie wody (np. procent przestrzeni porowej, która jest wypełniona płynem). Model ten można uprościć do postaci równania liniowego (18) (Ledieu *i inni,* 1986; Herkelrath *i inni*, 1991):

$$\theta = a\sqrt{\varepsilon}\text{-}b \qquad \text{(Eq. 18)}$$

gdzie *a* i *b* są parametrami kalibracyjnymi.

Georadar nie działa skutecznie w glebach zasolonych lub o dużej zawartości gliny ze względu na wysoką przewodność cieplną, gdzie energia elektromagnetyczna jest tracona w postaci ciepła i dlatego nie może rozprzestrzeniać się głęboko w glebie (Cassidy, 2009). Aby zmierzyć prędkość fali elektromagnetycznej, musi być znana odległość przemieszczania się fali. W większości przypadków, dokładna głębokość badania fali ziemskiej jest nadal przedmiotem badań i jest funkcją częstotliwości anteny, separacji anten i dopuszczalności gruntu (Galagedara *i in.* , 2005). Ponadto stwierdzono, że gleby o wysokiej zawartości gliny wykazują znaczne dysydencje admitancji przy niskich częstotliwościach, takich jak przy powszechnie stosowanych 100 MHz (Olhoeft, 1987). Wszystko to oznacza, że w przypadku zastosowań, które wymagają dokładnego pomiaru zawartości wody, może być wymagana kalibracja specyficzna dla danego miejsca.

Do walidacji technologii georadarowej do pomiaru wilgotności gleby niezbędna jest kompleksowa ocena niepewności w metodach pobierania próbek. Metody oceny niepewności są bardzo zróżnicowane w literaturze, a ponadto zależą od systemu GPR. Najbardziej popularną metodą kalibracji lub walidacji jest porównanie wyników GPR z inną metodą prawdy gruntowej, głównie TDR lub grawimetrycznym pomiarem próbkowania (Huisman *i in.*, 2003).

Jak już wspomniano, GPR ma rozdzielczość przestrzenną około jednego metra, a dokładna głębokość badania nadal stanowi problem, dlatego też GRP mierzy średnią wilgotność gleby. W przeciwieństwie do GRP, metoda grawimetryczna mierzy wilgotność gleby w jednym punkcie. Różne miejsca pobierania próbek na polach wprowadzają błędy do kalibracji. Dodatkowo, wątpliwe jest również zastosowanie unikalnego modelu pozyskania dla całego pola o zróżnicowanych przestrzennie właściwościach gleby.

7.5. Techniki kalibracji za pomocą teledetekcji

Techniki teledetekcji obejmują aktywne i pasywne metody mikrofalowe oraz metody termowizyjne w podczerwieni. Techniki mikrofalowe wyczuwają wilgotność gleby poprzez pomiar energii elektromagnetycznej, która jest odbijana lub emitowana naturalnie z powierzchni gleby. Intensywność tego promieniowania z powierzchni gleby zmienia się w zależności od stałej dielektrycznej gleby, która jest związana z wilgotnością gleby. Technika teledetekcji termicznej w podczerwieni wykrywa właściwości termiczne powierzchni ziemi, a wilgotność gleby jest uzyskiwana na podstawie wyraźnej różnicy właściwości termicznych między glebą a wodą. Techniki teledetekcji są zazwyczaj oparte na technice powietrznej (samolot) i kosmicznej (satelita).

W celu powiązania danych uzyskanych za pomocą technik teledetekcji z zawartością wilgoci w glebie, wymagana jest zależność między nimi w zakresie walidacji lub kalibracji (model wyszukiwania). Niestety, związek ten jest specyficzny dla danego miejsca i nie można go zakładać (Muñoz-Carpena *i in.,* 2006).

7.5.1. Teledetekcja mikrofalowa

Zdalne czujniki mikrofalowe na platformach satelitarnych mogą zapewnić unikalną możliwość uzyskania obserwacji wilgotności gleby na powierzchni ziemi (na głębokości 0 - 5 cm) w skali globalnej i regionalnej w oparciu o charakterystykę emisyjną i rozpraszającą powierzchni gleby. Jednak cechy te zależą nie tylko od wilgotności gleby, ale również od innych cech, takich jak temperatura powierzchni ziemi, chropowatość i cechy roślinności. Te nieglebiaste efekty wilgotności rosną wraz ze wzrostem częstotliwości (Choudhury *i in.*, 1979). Obecne ograniczenia wilgotności gleby szacowanej przez satelitę to niska rozdzielczość przestrzenna (10 s km) dla pasywnego czujnika mikrofalowego, dezorientujące efekty złożonej topografii oraz pokrywy śnieżnej i lodowej w regionach górskich i ewapotranspiracji (Mohanty *i in.*, 2013). Wszystko to sprawia, że modele do pobierania danych są skomplikowane, a ich kalibracja lub walidacja stanowi wyzwanie.

Wilgotność gleby oszacowana za pomocą przestrzennych lub powietrznych czujników mikrofalowych jest zazwyczaj kalibrowana i zatwierdzana za pomocą intensywnych przestrzennie kampanii terenowych w badanych stacjach wodnych lub regionach w okresie od tygodni do miesięcy (Mohanty *i in.*, 2000) i/lub za pomocą przestrzennie rozmieszczonych długoterminowych sieci monitorowania. Metodami pomiaru wilgotności gleby in situ mogą być dowolne techniki oznaczania wilgotności gleby omówione w poprzednich punktach, przede wszystkim metoda grawimetryczna i TDR.

Kluczową kwestią związaną z kalibracją lub zatwierdzaniem danych dotyczących wilgotności gleby za pomocą teledetekcji jest różnica w skalach przestrzennych między obserwacjami satelitarnymi a obserwacjami na *miejscu na* ziemi. Konwencjonalne pomiary wilgotności gleby wykonywane są w miejscu, w którym jest ona zlokalizowana, natomiast czujniki satelitarne zapewniają zintegrowaną wartość powierzchni/objętości w znacznie większym zakresie przestrzennym. Ponadto istnieją inne czynniki, które przyczyniają się do trudności w kalibracji lub walidacji satelitarnych modeli odzyskiwania wilgoci z gleby (Jackson *i in.,* 2010), które wymieniono poniżej:

- W przypadku technik mikrofalowych ślad satelitarny na ziemi jest niejednoznaczny, na ogół definiuje się go jako połowę szerokości wiązki mocy (tzn. natężenie promieniowania spada o 50%). Jednak promieniowanie spoza granicy również przyczynia się do tego sygnału.
- Obszar obserwowany przez większość czujników jest elipsą, raczej okręgiem. Ścieżka satelitarna nad określonym miejscem może się nie powtarzać dokładnie. W rezultacie, centrum i orientacja eliptycznego śladu zmienia się z każdym przejazdem satelity. Stałe umiejscowienie punktu lub sieci monitorowania

wilgotności gleby na powierzchni ziemi może znajdować się jednego dnia w środku śladu, a innego dnia poza nim.

- Głębokość w glebie, która przyczynia się do mierzonego promieniowania, zmienia się w zależności od częstotliwości i stanu wilgotności gleby (na szczęście wilgotność gleby na sąsiednich głębokościach jest silnie skorelowana).
- Ślad obejmuje obszar ok. 40 km, w którym rodzaj powierzchni i gleby może ulec zmianie. Może to powiększyć różnicę między pobranymi danymi a uśrednionymi danymi rzeczywistymi na powierzchni ziemi.
- Naturalna zmienność przestrzenna i czasowa wilgotności gleby wraz z przestrzennym zasięgiem śladu węglowego nakładają ograniczenia logistyczne na replikację.

Ponadto pomiar gruntu wprowadza błędy do kalibracji lub walidacji z następujących powodów:

- Tradycyjne programy pobierania próbek nie biorą pod uwagę bliskości powierzchni; próbki gleby są pobierane z miejsc, które znajdują się co najmniej 10 - 20 cm pod powierzchnią. Głębokość ta jest znacznie większa niż głębokość próbkowania czujników satelitarnych.
- Wilgotność gleby jest mierzona przy użyciu różnych metod, takich jak metoda grawimetryczna, TDR, rozpraszanie neutronów itp. Różne techniki mają różną objętość i dokładność pobierania próbek.
- Gęstość sieci naziemnych jest niska, jeśli są one wykorzystywane do walidacji, na przykład gęstość szeroko stosowanych sieci obejmujących obserwację wilgotności gleby wynosi jedną stację na 1600 km2 dla Oklahoma Mesonet, 7500 km2 dla Illinois State Water Survey i 85000 km2 dla Soil Climate Analysis Network (SCAN). Jest mało prawdopodobne, aby pojedynczy punkt na obszarze o średnicy 40 km był reprezentatywny dla przeciętnych warunków.

- Częstotliwość czasowa większości starszych długotrwałych zapisów jest zazwyczaj raz na 10-14 dni, co powoduje, że zbiór danych walidacyjnych jest skąpy.
- Niewiele sieci zapewniało obserwacje w czasie zbliżonym do rzeczywistego.

7.5.2. Zdalne czujniki termowizyjne na podczerwień

Obiekty o temperaturze powyżej zera absolutnego (0 K) emitują energię elektromagnetyczną w dziedzinie podczerwieni. Zastosowanie techniki podczerwieni do szacowania wilgotności gleby opiera się na wyraźnych różnicach pomiędzy właściwościami termicznymi gleby i wody, na przykład pojemności cieplnej (C), przewodności cieplnej (K) i bezwładności cieplnej (P). W porównaniu z rozdzielczością przestrzenną technik teledetekcji mikrofalowej (10s km dla pasywnej, kilkaset metrów dla aktywnej techniki mikrofalowej), technika teledetekcji termicznej w podczerwieni może dostarczyć informacji o wilgotności gleby o wyższej rozdzielczości przestrzennej do kilku metrów. Ponadto, może dostarczyć informacji o wilgotności gleby nad gęstą roślinnością, co jest jednym z ograniczeń mikrofalowej teledetekcji.

Technika podczerwieni nie mierzy bezpośrednio zawartości wody w glebie, dlatego do powiązania wykrytych danych termicznych z rzeczywistą zawartością wody w glebie wymagane są skomplikowane modele lub algorytmy. Co więcej, promieniowanie cieplne z powierzchni Ziemi nie zależy wyłącznie od temperatury powierzchni, ale także od emisyjności powierzchniowej, która jest zwykle zakładana lub określana empirycznie podczas stosowania modeli. Ponadto, na pozyskiwanie danych w podczerwieni mają wpływ inne czynniki ze względu na niską zdolność przenikania promieniowania cieplnego. Czynniki te obejmują roślinność na ziemi i zakłócenia atmosferyczne, takie jak zakłócenia sygnału przez chmury, tłumienie sygnału przez atmosferę ziemską itp. Wreszcie, temperatura ciała samych czujników również zakłóca pomiar, co również musi być brane pod uwagę podczas kalibracji. Chociaż opracowano szereg modeli służących do pozyskiwania danych o wilgotności gleby (Monteith, 1981; Benasher *i in.*, 1983; Xue i Cracknell, 1995; Sobrino i El Kharraz, 1999; Mitra i Majumdar, 2004), żaden z nich nie zapewnia prostej i prostej zależności między obserwowanymi danymi z teledetekcji a rzeczywistą wilgotnością gleby i wymaga skomplikowanych procesów modelowania empirycznego oraz zależy od różnych parametrów, które są trudne do zmierzenia i uzyskania ze względu na ich dużą zmienność.

Podobnie jak w przypadku techniki teledetekcji mikrofalowej, modele pozyskiwania danych w technice teledetekcji termicznej w podczerwieni również muszą być walidowane lub kalibrowane w porównaniu z pomiarami na miejscu przy użyciu metody grawimetrycznej, TDR i sondy neutronowej, częściej są to stacje meteorologiczne do pomiaru lub monitorowania wilgotności gleby. Problemy z walidacją lub kalibracją są podobne do tych z techniką teledetekcji mikrofalowej. Na przykład, dane dotyczące walidacji uzyskane ze stacji meteorologicznych reprezentują jedynie ograniczoną przestrzeń wokół stacji lub kilka metrów od nich. Jednak piksel teledetekcji w technice podczerwieni ma około 3 km zasięgu przestrzennego na powierzchni ziemi. Zróżnicowanie przestrzenne nie może być zatem precyzyjnie przeniesione poprzez walidację danych punktowych. Głębokość wykrywania w glebie wynosi tylko 5 cm lub mniej w przypadku techniki cieplnej w podczerwieni, która może być zbyt płytka dla niektórych tradycyjnych programów pobierania próbek lub instalacji niektórych sond glebowych. Poza pokryciem roślinności na powierzchni, na technikę termiczną w podczerwieni wpływają również niektóre czynniki meteorologiczne, takie jak obecność chmur, wiatru i promieniowania słonecznego. W celu uwzględnienia tych czynników, walidacja wymaga porównania w czasie rzeczywistym uzyskanych danych w podczerwieni z obserwacją gruntu, która nie zawsze jest dostępna. Wreszcie, rzeczywista wilgotność gleby jest mierzona za pomocą różnych metod, które mają różną objętość i dokładność pobierania próbek.

7.6. Krytyczne aspekty w technikach pomiaru wilgotności gleby i...

Mittelbach *et al.* (2012) stwierdzają, że kalibracja specyficzna dla danego miejsca ma zasadnicze znaczenie dla lepszej dokładności pomiarów wilgotności gleby, a poziom wydajności czujników nie jest zgodny ze specyfikacją producenta.

W przypadku Rao i Singh (2011) TDR pomiar wilgotności gleby jest ważny do 50% objętościowej wilgotności gleby, a powtarzalność pomiaru sondy FDR jest lepsza niż TDR, ale sonda FDR ma ograniczenie polegające na przedstawianiu nieprawidłowych wyników.

Fityus *et al.* (2011) sonda neutronowa jest lepsza niż sonda pojemnościowa w większości gleb, to sonda neutronowa jest niebezpieczna w obsłudze, myślę.

Seyfried *i wsp.* (2005) stwierdzili, że stała dielektryczna jest zależna od temperatury, co daje zmiany w pomiarze wilgotności gleby.

7.7. ...Uwagi

Technika grawimetryczna: Brak zagrożenia dla zdrowia, bardziej czasochłonny, niszczący test.

Wilgotnościomierz Neutronowy: zagrożenie dla zdrowia, natychmiastowa reakcja, bardziej odpowiedni w glebie podpowierzchniowej, wysoki koszt przyrządów, trudności w instalacji i rejestracji danych.

TDR Brak zagrożenia dla zdrowia, sposób nieinwazyjny, natychmiastowa reakcja, nieskuteczność w glebach o wysokim zasoleniu, zależna od częstotliwości

FDR: Brak zagrożenia dla zdrowia, wymaga indywidualnej kalibracji, awaria w glebach o wysokim zasoleniu, zależna od częstotliwości.

Blok termicznego rozpraszania: Brak zagrożenia dla zdrowia, wymaga indywidualnej kalibracji

Tensiometr: Brak zagrożenia dla zdrowia, bardziej czasochłonna, metoda pośrednia

Dokładność, powtarzalność i czułość sondy neutronowej są znacznie lepsze niż pozostałych technik. Charakterystyki te nie są jednak podane w dostarczonej przez producentów instrukcji obsługi dostępnych na rynku czujników.

Żadne z istniejących badań nie opisuje "strefy wpływu w obrębie masy gleby".

8. Kwestionariusz wilgotności gleby i wyniki badań

By Francesca Sanna[1,2] Peng Miao[3]

8.1. Opracowanie kwestionariusza badania wilgotności gleby

Kwestionariusz wilgotności gleby został opracowany z myślą o zastosowaniu pomiarów wilgotności gleby, technik pomiaru wilgotności gleby, metod ich kalibracji, klasycznej metody grawimetrycznej oraz technik teledetekcji. Istnieje 25 pytań, z czego 23 są pytaniami technicznymi; pozostałe dwa pytania dotyczą danych kontaktowych respondentów i ich preferencji co do przyszłej komunikacji (tabela 3). Pytania zostały podzielone na pięć makroobszarów: (i) zastosowanie od pytania 1 do 3; (ii) pomiar od pytania 4 do 9; (iii) kalibracja od pytania 10 do 17; (iv) klasyczna metoda grawimetryczna od pytania 18 do 19; (v) techniki teledetekcji od pytania 20 do 23.

8.2. Wybór uczestników

Potencjalni uczestnicy kwestionariusza zostali zidentyfikowani z różnych źródeł, na przykład z listy kontaktów w zakresie pomiaru wilgotności, którą prowadzi NPL oraz osób poszukiwanych za pośrednictwem opublikowanych dokumentów lub informacji dostępnych w Internecie. NPL początkowo wysłał kwestionariusz do 158 osób. 64 z nich znajdowało się w Wielkiej Brytanii, 34 i 60 pochodziło odpowiednio z pozostałej części Europy i spoza niej. Później ankieta została również rozprowadzona wśród wszystkich partnerów i współpracowników projektu. Ponadto kwestionariusz ten został następnie rozesłany przez partnerów projektu do ich kontaktów, na przykład INRIM wysłał go do ponad trzystu kontaktów w dziedzinie rolnictwa. Szacuje się, że

[1] *Wydział Rolnictwa i Nauk o Żywności, Uniwersytet w Turynie, Włochy*
[2] *Krajowy Instytut Badań Metrologicznych (INRiM), Turyn, Włochy*
[3] *National Physical Laboratory (NPL) Teddington, Zjednoczone Królestwo, Mantis Deposition Ltd, Thame, Zjednoczone Królestwo*

zasięgnięto opinii około 500 osób. Sektory, w których nawiązywane są te kontakty, obejmują środowiska akademickie, przemysł, organizacje rządowe i producentów. Uczestnicy odpowiedzieli na kwestionariusz za pomocą internetowego narzędzia ankietowego Survey Monkey. Odpowiedzi na kwestionariusz były automatycznie odsyłane z powrotem do NPL. Wyniki badania zostały przedstawione oddzielnie.

Tabela 3. Kwestionariusz wilgotności gleby podzielony na pięć makroobszarów: Zastosowanie; Pomiar; Kalibracja; Klasyczna metoda grawimetryczna; Techniki teledetekcji

Pytania	**Odpowie dziano**	**Pominię ty**
1. Jakie są zastosowania Państwa pomiarów wilgotności gleby/wody?	90	9
2. Dla jakich typów gleb mierzy się zawartość wody/wilgoci?	90	9
3. Czy mierzą Państwo wilgotność powierzchniową gleby/wodę (górne 5 cm gleby) lub strefę korzeniową wilgotność gleby/wodę (górne 100 cm gleby), czy też obie te wartości?	94	5
4. Jakie techniki i instrumenty są obecnie stosowane w celu określenia wilgotności gleby/ zawartości wody?	80	19
5. Co to jest "wyczuwalna objętość" technik, które stosujesz (np. średnica w centymetrach lub objętość w centymetrach sześciennych)?	60	39
6. Czy są to pomiary wykonywane w laboratorium, w terenie, czy w obu przypadkach?	74	25
7. Jaki jest zakres wilgotności/wilgotności, który pokrywają Twoje pomiary?	62	37
8. Czy za zawartość wilgoci uważacie Państwo zawartość wody w Państwa próbkach gleby, czy też za zawartość	74	25

wilgoci uważacie Państwo zawartość wody i innych substancji lotnych w glebie?		
9. Czy napotykają Państwo jakieś problemy z pomiarami wilgotności/wody?	74	25
10. Jak często są kalibrowane Państwa instrumenty?	51	48
11. Czy wykonują Państwo kalibrację urządzeń z różnymi rodzajami próbek gleby?	64	35
12. Jakie metody kalibracji są stosowane w celu zapewnienia dokładności pomiarów wilgotności/wody?	46	53
13. Czy są jakieś problemy z twoją kalibracją?	57	42
14. Z jaką niepewnością należy dokonywać pomiarów wilgotności/wilgotności (np. ±10 % itp.)?	48	51
15. Jakie są główne czynniki wpływające na niepewność pomiaru?	58	41
16. Czy Twoje pomiary są identyfikowalne z uznanymi normami w układzie SI (Międzynarodowy Układ Jednostek Miar)?	64	35
17. Czy uważasz, że lepsze techniki kalibracji są potrzebne do dokładniejszego pomiaru wilgotności/wilgotności gleby?	60	39
18. Jeśli do pomiarów lub kalibracji stosuje się klasyczną metodę grawimetryczną (np. suszenie w piecu), która jest uważana za podstawowy wzorzec, w jaki sposób można zapewnić dokładność samej metody? (proszę zaznaczyć wszystko, co dotyczy)	63	36
19. Czy są jakieś problemy z kalibracją podczas stosowania metody grawimetrycznej?	48	51

20. Jeśli używasz technik teledetekcji do mapowania wilgotności gleby/wody, jakie to są techniki?	57	42
21. Jakie problemy napotykasz z tymi technikami teledetekcji dla swojego zastosowania?	10	89
22. W jaki sposób dokonuje się walidacji/kalibracji tych technik teledetekcji?	8	91
23. Modele wyszukiwania danych/algorytmy	41	58

8.3. Wyniki

Wilgotność gleby jest jednym z najważniejszych parametrów hydrologicznych, które mają znaczący wpływ na rolnictwo, inżynierię, meteorologię, klimatologię, hydrologię i ekologię. Dlatego dokładne oszacowanie i pomiar wilgotności gleby ma kluczowe znaczenie dla produkcji rolnej, prognozowania pogody, przewidywania zmian klimatu, zarządzania zasobami wodnymi.

Istnieje szereg technik, które zostały wykorzystane do określenia wilgotności gleby w laboratorium lub w terenie. Tradycyjną techniką jest metoda suszenia w piecu, która jest techniką bezpośrednią i często stosowana jako wzorzec odniesienia. W większości przypadków gleba jest suszona w piecu w temperaturze 105°C przez 24 godziny. Nowoczesne techniki pomiaru wilgotności gleby są metodami pośrednimi, niektóre z nich mierzą wilgotność gleby poprzez pomiar jej właściwości elektrycznych, takich jak stała dielektryczna, impedancja, pojemność i rezystancja. Reflektometr w dziedzinie czasu (TDR) i reflektometr w dziedzinie częstotliwości (FDR) mierzą odpowiednio stałą dielektryczną i pojemność. Inne nowoczesne techniki obejmują pomiary ciśnienia (technika węglika wapnia i technika tensiometryczna), radioaktywności (techniki rozpraszania neutronów i tłumienia promieniowania gamma) oraz właściwości optycznych (techniki podczerwieni). Każda technika ma swoje wady i zalety; nie ma jednej techniki, która spełniałaby wszystkie wymagania dotyczące szybkiego, niezawodnego, zautomatyzowanego i przestrzennie rozproszonego pomiaru wilgotności gleby.

W celu dokonania dokładnego pomiaru, techniki pośrednie muszą być skalibrowane lub zwalidowane w odniesieniu do techniki podstawowej. Z badania literatury wynika, że metoda grawimetryczna (suszenie w piecu) jest często wykorzystywana do kalibracji lub walidacji innych technik. Chociaż czasami do walidacji innej techniki pośredniej stosowano również technikę pośrednią, nie jest to ścisła procedura kalibracji, a nie porównanie między technikami. Istnieje wiele problemów z kalibracją, jednym z kluczowych jest pobieranie próbek gleby. Na przykład, próbka gleby użyta do kalibracji może nie odzwierciedlać cech gleby, które mają być mierzone za pomocą kalibrowanej techniki. Na kalibrację mają również wpływ inne czynniki, takie jak temperatura gleby, ciśnienie barometryczne, zawartość soli i powietrza w glebie, a także gęstość nasypowa gleby itp.

Techniki pomiaru wilgotności gleby, gdy są stosowane na ziemi, mogą zapewnić jedynie pomiar punktowy lub lokalny. W przypadku pomiarów na dużej powierzchni są one czasochłonne, pracochłonne i kosztowne. Do regionalnego i globalnego mapowania wilgotności gleby konieczne jest zastosowanie technik teledetekcji. Techniki te to głównie techniki mikrofalowe i cieplne w podczerwieni wykorzystujące platformy samolotowe i satelitarne. Wyzwanie dla tych technik polega na tym, jak uzyskać dane zebrane w powietrzu lub przestrzeni, na które wpływają zmiany klimatyczne, roślinność i zmiany powierzchni gleby. W celu powiązania danych z rzeczywistą wilgotnością gleby opracowano szereg modeli pobierania danych. Ze względu na złożoność modelowania, różne modele dają bardzo różne wyniki. Dlatego też modele te muszą być zatwierdzone w oparciu o pomiary naziemne na miejscu lub zbiory danych z istniejących sieci lub obserwatoriów. Istnieje szereg problemów związanych z walidacją, które należy rozwiązać. Jedną z nich jest dysproporcja w różnej skali przestrzennej. Na przykład, techniki teledetekcji mają powierzchnię pomiarową od kilkuset metrów do kilkudziesięciu kilometrów, podczas gdy techniki pomiarów naziemnych są zasadniczo pomiarami punktowymi. To jest problem z rozdzielczością przestrzenną. Kolejną kluczową kwestią jest tymczasowe rozwiązanie kwestii walidacji. Na technikę podczerwieni wpływają niektóre warunki meteorologiczne, takie jak chmura, wiatr i promieniowanie słoneczne, które zmieniają się z czasem. Dlatego też, aby uwzględnić te czynniki, konieczna jest walidacja w czasie rzeczywistym danych teledetekcyjnych na podstawie danych monitorowanych przez stacje naziemne. Niestety, nie zawsze jest to dostępne.

Praca ta jest częścią projektu finansowanego przez Komisję Europejską w ramach Europejskiego Programu Badań Metrologicznych (EMRP). Projekt nosi nazwę MeteoMet2 (Metrology for Essential Climate Variables) i obejmuje prace związane z pomiarami wilgotności gleby.

9. Referencje

Addesso P, Maltese A, R. Garella, Capodici F, D'Urso G, Longo M, Restaino R, Vivone G, 2014. Oszacowanie zawartości wody w glebie na powierzchni w oparciu o bezwładność cieplną i wygładzanie bajesowe, teledetekcja dla rolnictwa, ekosystemów i hydrologii XVI, Postępowanie Towarzystwa Inżynierów Oprzyrządowania Fotograficznego, 9239, 923908-1 -15

Alessi RS, Prunty L, 1986. Soil Science of Society of America Journal, 50(4), 860-863.

Almeida AC, Dutta R, Franz TE, Terhorst A, Smethurst PJ, Baillie C, Worledge D, 2014. Łącząc kosmiczne czujniki neutronowe i pojemnościowe oraz rozmyte wnioskowanie do ilościowego określania rozkładu wilgotności gleby, IEEE Sensors Journal, 14(10), 3465-3472.

Alwis L., Sun T., Grattan K.T.V. 2013. Technologia światłowodowych czujników do pomiaru wilgotności i wilgotności: przegląd ostatnich postępów, Pomiar, 46, 4052-4074

Amoozegar A., K.C. Martin, M.T. Hoover. 1989. Effect of access hole properties on soil water content determination by neutron thermalisation, Soil Sci. Soc. Am. J. 53, 330–335,

ASTM D 2216, Standard test methods for laboratory determination of water (moisture) content of soil and rock by mass, ASTM International, West Conshohocken, PA, 2008.

ASTM D 4944, Standard test method for field determination of water (moisture) content of soil by the calcium carbide gas pressure tester, ASTM International, West Conshohocken, PA, 2008.

Barber M., Grings F., Bruscantini C., Karszenbaum H. 2015. Uzasadnienie dla optymalnego eksperymentu terenowego mającego na celu ocenę przydatności algorytmów odzyskiwania wilgoci z gleby dla danych SAR, IEEE Geoscience and Remote Sensing Letters, 12(4), 791,

Bayer A., Mahbub I., Chappell M., Ruter J., van Iersel M. W. 2013. Wykorzystanie wody i wzrost *Hibiscus acetosella* 'Panama Red' uprawianego z systemem nawadniania sterowanym czujnikami wilgotności gleby. Hortcience 48(8), 980-987

Benasher J, AD Matthias, AW Warrick, 1983. Assessment of evaporation from bare soil by infrared thermometry, Soil Science Society of American Journal, 47, 185-191.

Bullied J., Van Acker C. R., Bullock P.R. 2007.Wzorcowanie polowe impedancyjnej sondy wody glebowej dla płytkiego pola nasiennego w całej topografii pola, Wykorzystanie i gospodarowanie glebą, 23(3), 262-268

Campbell GS, RD Jackson, MM Mortland, DR Nielsen, A Klute, 1986. Gęstość nasypowa, GR Blake i KH Hartge, In: Metody analizy gleby. Część 1: Metody fizyczne i mineralogiczne. Monografia agronomiczna nr 9 rano. Soc. Agron. Inc., Madison, Wisconsin, USA. 363-376

Carroll T. R., 1981. Pomiar wilgotności gleby w powietrzu z wykorzystaniem naturalnego naziemnego promieniowania gamma, Soil Science, 132(5), 358

Cassidy NJ, 2009. Właściwości elektryczne i magnetyczne skał, gleb i płynów w: Radar penetrujący grunt: Teoria i wnioski, Jol, H.M., Elsevier, Amsterdam, Holandia, str. 41-72.

Chappell M., Owen J., White S., Lea-Cox J. 2012. Praktyki zarządzania nawadnianiem. W: Yeager T., Bilderback T., Fare D., Gilliam C., Lea-Cox J., Niemiera A., Ruter J., Tilt K., Warren S. , Whitwell T., Wright R. Best management practices: Przewodnik dotyczący produkcji roślin szkółkarskich. Rozdział 3. wydanie: 2 Wydawca: Southern Nursery Association, Acworth, str. 176.

Chen M.-M., Y.-G. Zhu, Y.-H. Su, B.-D. Chen, B.-J. Fu, P. Marschner. 2007. Wpływ wilgotności gleby i interakcji roślinnych na strukturę wspólnoty mikrobiologicznej gleby Europejski Dziennik Biologii Gleb 43, 31-38

Chew C. C., Small E. E., Larson K. M., Zavorotny V. U. 2015. Wyczuwanie roślinności za pomocą reflektometrii interferometrycznej GPS: teoretyczny wpływ parametrów czaszy na dane dotyczące stosunku sygnału do szumu, IEEE Transactions on Geoscience and Remote Sensing, 53(5), 2755,

Choudhury B, Schmugge T, Newton R, Chang A, 1979. Wpływ chropowatości powierzchni na emisję mikrofal z gleby, J. Geophys. Res., 84, 5699-5706

Clevers J.G., Kooistra L., Schaepman M.E. 2008. Wykorzystując informacje spektralne z funkcji absorpcji wody NIR do wyszukiwania zawartości wody w czaszy, International Journal of Applied Earth Observation and Geoinformation, 10, 388-397.

Cosh M. H, Jackson T. J, Bindlish R., Famiglietti J. S, Ryu D. 2005. Wzorcowanie sondy impedancyjnej do szacowania zawartości wody w glebie na dużych obszarach, Journal of Hydrology, 311, 49-58.

Dong Y, Lu N, Wayllace A, Smits K 2014. Pomiar funkcji przewodności cieplnej gleby nienasyconej metodą przemijającego uwalniania i nasycania wody, Dziennik Badań Geotechnicznych, 37(6), 980-990.

Dukes, M.D., Muñoz-Carpena, R., Zotarelli, L., Icerman, J., Scholberg, J.M., 2007. Kontrola nawadniania w oparciu o wilgotność gleby w celu zachowania wody i składników odżywczych pod nawadnianą kroplowo produkcją warzyw. W: Giráldez Cervera, J.V., Jiménez Hornero, F.J.(Eds.), Estudios de la Zona No Saturada del Suelo Vol. VIII, str. 229-236, Cordoba(Hiszpania).

Edwards B.L, Namikas, S. L, D Sa, E. J, 2013. Proste techniki podczerwieni do pomiaru wilgotności powierzchni plaży, Procesy powierzchniowe i lądowiska, 38(2), 192-197,

Eitel J.U.H., Gessler P.E., Smith A.M.S., Robberecht R. 2006. Przydatność istniejących i nowych wskaźników spektralnych do zdalnego wykrywania stresu wodnego w *Populus* spp, Forest Ecology and Management, 229(1-3), 170-182,

Starszy A.N., Rasmussen T.C. 1994. Kalibracja sondy neutronowej w tufie nienasyconym, Soil Sci. Soc. Am. J. 58 (5), 1301–1307,

Evett S., N. Ibragimov, B. Kamilov, Y. Esanbekov, M. Sarimsakov, J. Shadmanov, R. Mirhashimov, R. Musaev, T. Radjabov i B. Muhammadiev 2007. Kalibracja wilgotnościomierza neutronowego w sześciu glebach Uzbekistanu dotkniętych akumulacją węglanów, Vadose Zone Journal, 6(2), 406-412

Evett S.R., Steiner, J.L. 1995. Precyzja rozpraszania neutronów i wskaźniki wilgotności typu pojemnościowego na podstawie kalibracji polowej, Soc. Soc. Am. J. 59, 961–968

Evett S.R., 2000. Niektóre aspekty reflektometrii w dziedzinie czasu, rozpraszania neutronów i metody pojemnościowe pomiaru wilgotności gleby, in: Sympozjum Międzynarodowej Agencji Energii Atomowej, Międzynarodowa Agencja Energii Atomowej, Wiedeń, Austria 59(1137), 5-49

Feng Y., Astin I. 2015. Remote sensing of soil moisture using the propagation of Loran-C navigation signals, IEEE Geoscience and Remote Sensing Letters, 12(1), 195-198.

Fityus S., Wells T., Huang W., 2011. Pomiar zawartości wilgoci w glebach nieużytkowych za pomocą sondy neutronowej firmy Geotech. Test. J. 34 (3), 1–10

Galagedara L.W., J.D. Redman, Parkin G.W., Annan A.P., Endres A.L. 2005. Numeryczne modelowanie georadarowe w celu określenia głębokości próbkowania bezpośredniej fali ziemskiej. Vadose Zone Journal, 4, 1096-1106

Gardner C., T. Dean, J. 1997. Pomiar zawartości wody w glebie firmy Cooper za pomocą wysokoczęstotliwościowego czujnika pojemnościowego, J. Agric. Eng. Res. Vol.71(2), 395-403

Gaskin G.J., Miller J.D. 1996. Measurement of soil water content using a simplified impedance measurement technique, J. Agric. Eng. Res. 63(1), 153-160,

He B., Xing M., Bai X. 2014. Synergiczna metodologia szacowania wilgotności gleby na prerii alpejskiej przy użyciu radaru i optycznych danych satelitarnych, Czujniki zdalne, 6(11), 10966-10985

Herkelrath W.N., Hamburg S.P., Murphy F. 1991. Automatyczne monitorowanie w czasie rzeczywistym wilgotności gleby w oddalonym obszarze pola za pomocą reflektometrii domen czasowych. Water Resour. Res. 27, 857-864

Hillel D., 1982. Wprowadzenie do fizyki gleby, Prasa Akademicka, Orlando, Floryda

Holzman M.E., Rivas R., Bayala M., 2014. Szacowanie wilgotności gleby podpowierzchniowej metodą VI-LST, IEEE Geoscience and Remote Sensing Letters, 11(11), 1951 r.

Howell T.A., 2001. Zwiększanie efektywności wykorzystania wody w rolnictwie nawadnianym, Agron J. 93 (2) 281-289

Huisman J A, Bouten W, Vrugt J A 2004. Accuracy of frequency domain analysis scenarios for the determination of complex dielectric permittivity, Water Resource Research, 40, W02401, 1-12

Huisman JA, Hubbard SS, Redman JD, Annan AP, 2003. Pomiar zawartości wody w glebie za pomocą radaru penetrującego grunt: A Review, Vadose Zone Journal, 2, 476-491

MAEA 2003. Neutron i sondy gamma: Ich zastosowanie w agronomii, wydanie drugie, seria kursów szkoleniowych MAEA nr 16, Międzynarodowa Agencja Energii Atomowej, Wiedeń,

Jackson T., Mansfield K., Saafi M., Colman T., Romine P. 2008. Pomiar temperatury i wilgotności gleby za pomocą bezprzewodowych czujników MEMS, Pomiar, 41(4), 381-390

Jackson TJ, MH Cosh, R Bindlish, PJ Starks, DD Bosch, M Seyfried, DC Goodrich, MS Moran i J Du, 2010. Walidacja zaawansowanych mikrofalowych radiometrów skaningowych produktów wilgotności gleby, IEEE Transactions on Geoscience and Remote Sensing, 48(12), 4256-4272

Jarvis N.J., Leeds-Harison P.B. 1987. Niektóre problemy związane z użyciem sondy neutronowej w glebach puchnących/kurczących się gliniastych, J. Soil Sci. 38, 149-156

Jayawardane N.S., Meyer W.S., Barrs H.D., 1984. Pomiar wilgotności w puchnącej glebie ilastej za pomocą mierników wilgotności neutronów, Aust. J. Soil Res. 22, 109-117

Jones H.G., 1990. Roślinne stosunki wodne i konsekwencje dla nawadniania, planowania, ActaHorticult. 278, 67–76

Jones S B, Wraith J M, lub D, 2002. Zasady i zastosowania pomiaru reflektometrycznego w dziedzinie czasu, Procesy hydrologiczne, 16, 141-153

Kaleita A.L., Heitman J.L., Logsdon S.D. 2005. Kalibracja polowa sondy Theta dla gleb płatu ziemi Des Moines, Inżynieria Stosowana w Rolnictwie, 21(5), 865-870.

Kaleita A.L., Tian L.F., Hirschi M.C. 2005. Związek między wilgotnością gleby a współczynnikiem odbicia powierzchniowego gleby, Transakcje ASAE, 48(5), 1979-1986.

Kang J., Jin R., Li X. 2015. Regresja krigingowa polegająca na zwiększaniu skali pomiarów wilgotności gleby za pomocą bezprzewodowej sieci czujników i informacji z wielu źródeł za pomocą teledetekcji na niejednorodnych terenach uprawnych, IEEE Geoscience and Remote Sensing Letters, 12(1), 92

Kargas G., Soulis K.X. 2012. Analiza wydajności i kalibracja nowego, taniego czujnika wilgotności gleby. J. Irrig. Odpływ. Eng., ASCE 138(7), 632-641

Kargas, G., Kerkides, P., 2008. Oznaczanie zawartości wody w mineralnych i organiczno-porowatych podłożach za pomocą sondy ML2 theta. Irrig. Odpływ. 57 (4), 435–449

Kizito F., Campbell C.G., Cobos D.R., Teare B.L., Carter B., Hopmans J.W. 2008. Częstotliwość, przewodność elektryczna i analiza temperatury taniego pojemnościowego czujnika wilgotności gleby. Dziennik Hydrologii. 352 (3–4), 367–378

Laloy E, Huisman JA, Jacques, D. 2014. Profile wilgotności o wysokiej rozdzielczości z pełnofalowej inwersji probabilistycznej sygnałów TDR, Journal of Hydrology, 519 (B), 2121-2135.

Lambers H. , Chapin III F. S. , Pons T. L. 2008. Roślinna Ekologia Fizjologiczna. Springer Science & Business Media, Nowy Jork, s. 605

Ledieu J, De Ridder P, De Clerck P, Dautrebande S. 1986. Metoda pomiaru wilgotności gleby za pomocą reflektometrii w dziedzinie czasu, Journal of Hydrology. 88, 319–328

Leong E., Rahardjo H, 1997. Funkcje przepuszczalności gleb nienasyconych, J. Inżynieria geotechniczna i geośrodowiskowa, 123(12), 1118-1126

Lin C.P., 2003. Domena częstotliwości a analizy czasu podróży fal TDR dla pomiarów wilgotności gleby, Soil Sci. Soc. Am. J. 67, 720–72

Lukanu G, Savage MJ. 2006. Kalibracja reflektometru częstotliwościowego do określania zawartości wody w glebie gliniasto-gliniastej, Water SA, 32(1), 37-42

Macdonald J. R., W. R. Kenan. 1987. Spektroskopia impedancyjna: Akcentowanie materiałów i systemów stałych, Wiley, Nowy Jork str. 368.

McNairn H., Jackson T.J., Wiseman G., Bélair S., Berg A., Bullock P., Colliander A., Cosh M.H., Kim S., Magagi R., Moghaddam M., Njoku E.G., Adams J.R., Homayouni S., Ro E., Ojo T., Rowlandson T.L., Shang J., Goïta K., Hosseini M. 2015. The Soil moisture active passive validation experiment 2012 (SMAPVEX12): Prelaunch calibration and validation of the SMAP soil moisture algorithms, IEEE Transactions on Geoscience and Remote Sensing, 53(5), 2784-801,

Michael A.M., T.P. Ojha, 1996. Zasady inżynierii rolnej: Geodezja rolnicza, nawadnianie, drenaż rolniczy, ochrona gleby i wilgotności, bracia Jain, New Delhi

Mitra D.S., Majumdar T.J., 2004. Thermal inertia mapping over the Brahmaputra basin, India using NOAA-AVHRR data and its possible geological applications, International Journal of Remote Sensing, 225(16), 3245-3260

Mittelbach H., Lehner I., Seneviratne S.I., Comparison of four soil moisture sensor types under field conditions in Switzerland, J. Hydrol. 430 (2012) 39–49.

Mizuguchi J., Piai J. C., de França J. A., de Morais França M. B., Yamashita K., Mathias L. C. 2015. Czujnik pojemnościowy pola pierścieniowego do pomiaru zawartości wody w glebie: Design, manufacture, and testing, IEEE Transactions on Instrumentation and Measurement, 64(1), 212-220,

Mohanty BP, Cosh M, Lakshmi V, Montzka C. 2013. Teledetekcja do hydrologii strefy Vadose - synteza z punktu obserwacyjnego, strefa Vadose J., 15, 1-6

Mohanty BP, Skaggs TH, Famiglietti JS. 2000. Analiza i mapowanie zmienności wilgotności gleby na skalę polową z wykorzystaniem danych gruntowych o wysokiej rozdzielczości podczas eksperymentu hydrologicznego Southern Great Plains 1997 (SGP97), Water Resour. Res. 36, 1023-1031

Monteith JL, 1981. Parowanie i temperatura powierzchni, Kwartalnik Królewskiego Towarzystwa Meteorologicznego, 107, 1-27.

Muñoz-Carpena R., Shukla S., Morgan K., 2006. Urządzenia terenowe do monitorowania zawartości wody w glebie, Południowy Regionalny Program Wodny, Wydział Gleboznawstwa i Wody, Uniwersytet Floryda, BUL343, 1-24

Mwale, SS, Azam-Ali, SN, Sparkes, DL 2005. Czy sonda pojemnościowa PR1 może zastąpić sondę neutronową do rutynowych pomiarów gleby i wody, 21(3), 340-347.

Noborio K., McInnes K.J., Heilman J.L. 1996. Pomiary wilgotności gleby, pojemności cieplnej i przewodności cieplnej za pomocą jednej sondy TDR, Soil Sci. 161, 22-28

Noborio K. 2001. Pomiar wilgotności gleby i przewodności elektrycznej za pomocą reflektometrii w dziedzinie czasu: przegląd, Obliczenia. Electron. Agric. 31 (3), 213–237

Olhoeft GR, 1987. Właściwości elektryczne od 10-3 do 109 Hz: Fizyka i chemia. Proc. Fizycznie. Chem. Media porowate II, 154, 281-298

Palluconi, FD. 1996. Walidacja produktu danych o promieniowaniu powierzchniowym w podczerwieni ASTER, Bottom of Form Earth Observing Systems, Proceedings of the Society of Photo-optical Instrumentation Engineers 2820, 97-104

Parsons, L., Bandaranayake, R., 2008. Wydajność nowej pojemnościowej sondy wilgotnościowej w glebie piaszczystej. Soil Sci. Soc. Am. J. 73 (4), 1378–1385

Patil S. J., Adhikari A., Baghini M. S., Rao V. R. 2014. Ultraczuła, piezorezystancyjna, nanokompozytowa, piezorezystancyjna platforma mikrokanałowa do wykrywania wilgotności i wilgotności gleby, Czujniki i siłowniki B: Chemiczne, 203, 165-173

Pepin S., Livingston N.J., Hook W.R. 1995. Zależne od temperatury błędy pomiarowe w reflektometrycznych oznaczeniach wilgotności gleby, Soc. Soc. Am. J. 59 38–43

Rao B.H., Singh D.N., 2011. Oznaczanie zawartości wilgoci za pomocą TDR i technik pojemnościowych: badanie porównawcze, Int. J. Earth Sci. Eng.4(6), 132-137

Ridley, A M, Burland, J B. 1993. Nowy przyrząd do pomiaru zasysania wilgoci z gleby, Geotechnique, 43(2), 321-324

Rinaldi V.A., Francisca F.M. 1999. Analiza impedancji dyspersji dielektrycznej gleby (1MHz-1GHz), J. Geotech. Geoenviron. Eng. ASCE 125 (2), 111-121

Robert A. 1998. Dopuszczalność dielektryczna betonu od 50 MHz do 1 GHz oraz pomiary GPR do oceny materiałów budowlanych, Journal of Applied Geophysics, 40(1-3), 89-94,

Robinson D.A., C.S. Campbell, J.W. Hopmans, B.K. Hornbuckle, S.B. Jones, R. Knight, 2008. Pomiar wilgotności gleby w obserwatoriach ekologicznych i hydrologicznych w skali wodnej: przegląd, strefa Vadose J. 7 (1), 358-389

Robinson DA, Bell JP, Batchelor CH, 1994. Wpływ minerałów żelaza na określanie zawartości wody w glebie za pomocą technik dielektrycznych. Journal of Hydrology, 161, 169-180

Robinson M., Dean T.J. 1993. Pomiar zawartości wody w glebie na powierzchni przy użyciu sondy pojemnościowej, Procesy hydrologiczne, 7, 77-86,

Rotzer K., Montzka C., Bogena H., Wagner W., Kerr Yann, Kidd R., Vereecken H, 2014. Walidacja w skali zlewni produktów wilgotności gleby SMOS i ASCAT z wykorzystaniem modelowania hydrologicznego i analizy stabilności czasowej, Journal of Hydrology, 519(27), 934-946.

Sayde C., Gregory C., Gil-Rodriguez M., Tufillaro N., Scott T., van de Giesen N., English M., Cuenca R., Selker J: S. 2010. Możliwość monitorowania wilgotności gleby za pomocą ogrzewanych włókien światłowodowych, Water Resources Research, 46(6), 1-8

Seyfried M.S., L.E. Grant, E. Du, K. Humes, 2005. Straty dielektryczne i kalibracja czujnika wody gruntowej sondy hydra, Vadose Zone J. 4, 1070-41079, http://dx.doi.org/10.2136/vzj2004.0148.

Shen LC, Savre WC, Price JM, Athavale K. 1985. Właściwości dielektryczne skał zbiornikowych o ultra-wysokich częstotliwościach, Geofizyka, 50, 692-704

Sims D.A., Gamon J.A., 2003. Oszacowanie zawartości wody w roślinności i powierzchni tkanki fotosyntetycznej na podstawie współczynnika odbicia widmowego: porównanie wskaźników na podstawie cech absorpcji wody płynnej i chlorofilu, teledetekcja środowiska, 84(4), 526-537,

Singh D N, Kuriyan S. J 2003. Estimation of hydraulic conductivity of unsaturated soils using a geotechnical wirifuge, Canadian Geotechnical Journal, 40(2), 476-483.

Singh S.S., Singh R., 2010. Zasady i praktyka agronomiczna, Wydawnictwo Kalyani, Indie

Sobrino JA, El Kharraz MH. 1999. Łączenie popołudniowych i porannych satelitów NOAA dla oszacowania bezwładności cieplnej 2. Metodologia i stosowanie, Journal of Geophysical Research, 104(D8), 9455-9465

Soulis K. X. , Elmaloglou S., Dercas N. 2015, Badanie wpływu położenia i dokładności czujników wilgotności gleby na systemy planowania nawadniania kropelkowego opartego na wilgotności gleby. Gospodarka wodna w rolnictwie; 148, 258-268

Susha, S. L., Singh, D. N., Baghini, M. S. 2014. Krytyczny przegląd pomiaru wilgotności gleby. Pomiar, 54, 92-105.

Tabatabaeenejad A., Burgin M., Duan X. Moghaddam M. 2015. Radar pasmowy P do pomiaru profilu wilgotności gleby podpowierzchniowej jako wielomianu drugiego rzędu: First AirMOSS results, IEEE Transactions of Geoscience and Remote Sensing, 53(2), 645

Tarara J. M., Ham J. M. 1997. Pomiar wilgotności gleby w laboratorium i na polu z podwójnymi czujnikami pojemności cieplnej sondy, Agronomy Journal, 89(4) 535-542

Thoma D. P., Moran M. S., Bryant R., Rahman M., C. Holifield-Collins D., Skirvin S. 2006. Porównanie czterech modeli do określenia wilgotności powierzchniowej gleby na podstawie zdjęć radarowych pasma C w słabo wegetatywnym krajobrazie półpustynnym, Badania zasobów wodnych, 42(1), 1-12

Topp G C, Davis J L, Annan A P. 1980. Elektromagnetyczne określanie zawartości wody w glebie: Pomiary w koncentrycznych liniach przesyłowych, Zasoby wodne. Badania, 16, 574-582

Topp G.C., Davis J.L., Annan A.P. 1982. Elektromagnetyczne oznaczanie wilgotności gleby za pomocą TDR: zastosowanie do zwilżania frontów i stromych spadków, Gleba Soc. Am. J. 46, 672–678)

Tran A. P., Andrè F., Lambot S. 2014. Zatwierdzenie prawie terenowego modelowania radarowego z wykorzystaniem inwersji pełnych fal do szacowania wilgotności gleby, IEEE Transactions on Geoscience and Remote Sensing, 52(9), 5483.

Tsegaye T. D., Tadesse W., Coleman T. L., Jackson T. J. Tewolde H. 2004. Calibration and modification of impedance probe for near surface soil moisture measurements, Canadian Journal of Soil Science, 84 (2), 237-243.

Ungar S G, Layman R, Campbell J E, Walsh J, Mckim H J. 1992. Wyznaczanie rozkładu wilgotności gleby na podstawie pomiarów impedancji i pomiarów grawimetrycznych, Journal of Geophysical Research, Atmospheres, 97(D17), 18969-18977.

van den Honert T. H. 1948. Transport wody w zakładach jako proces trakcyjny. Porozmawiajmy. Faraday Soc. 3, 146-153

van Iersel, M., Seymour, R. M., Chappell, M., Watson, F., Dove, S. 2009. Nawadnianie oparte na czujnikach wilgotności gleby zmniejsza zużycie wody i wymywanie składników odżywczych w szkółce komercyjnej. W Proc. Southern Nursery Assn. Res. Conf. 54, 17-21

Wang, KD, Wang, YM. 2008. Metoda pomiaru wilgotności gleby oparta na TDR z wykorzystaniem technologii detekcji fazowej, Proceedings of International Conference on Informationization, Automation and Electrification in Agriculture, Zhenjiang, People's Republic of China, str. 717-721,

Ward AL, Wittman RS. 2009. Kalibracja hydrografu neutronowego do pomiarów wilgotności w otworach o małej średnicy w obudowie stalowej, PNNL-18539, Departament Energii USA, s. 85.

Whalley J.R., Dean T.J., Izard P.J. 1992. Evaluation of the capacitance technique as a method for dynamically measuring soil water content, J. Agric. Eng. Res. 52, 147-155

Whalley WR, 1993. Considerations on use of time-domain reflectometry (TDR) for measuring soil moisture, Journal of Soil Science, 44, 1-9.

White I, Knight JH, Zegelin SJ, Topp GC. 1994. Komentarz do "Rozważań na temat wykorzystania reflektometrii czasowo-domenowej (TDR) do pomiaru wilgotności gleby", WR Whalley, Journal of Soil Science, 45, 503-508.

WMO- CIMO, 2014 Pomiar wilgotności gleby, www.wmo.int/pages/prog/www/IMOP/publications/CIMO-Guide/Prelim-2014Ed/Prelim2014Ed_P-II_Ch-11.pdf.

WMO-CIMO wydanie 2008. Przewodnik dotyczący instrumentów meteorologicznych i metod obserwacji, Genewa. zaktualizowany w 2010 r.

Xue Y, Cracknell AP. 1995. Zaawansowane modelowanie termiczne. International Journal of Remote Sensing, 16, 431 446

Yuen S.T.S., Wang Q.J., Styles J.R. McMahon T.A. 1997. Technika sondy neutronowej do monitorowania wilgotności na składowiskach odpadów - Szóste Międzynarodowe Sympozjum Składowisk, październik, Cagliari, Sardynia, Włochy

Zazueta F. S., Xin J. 1994. Czujniki wilgotności gleby, Florida Cooperative Extension Service, Inst. Food and Agricultural Sciences, University of Florida, Gainesville, Bulletin 292, 1-11

Zeng J., Li Z., Chen Q., Bi H. 2015. Metoda szacowania wilgotności gleby i temperatury powierzchniowej na płaskowyżu tybetańskim z wykorzystaniem obserwacji z radiometrów kosmicznych, IEEE Geoscience and Remote Sensing Letters, 12(1), 97

Zhang J., Zhou Z., Yao F., Yang L., Hao C. 2015. Walidacja zmodyfikowanego prostopadłego wskaźnika suszy w regionie północnych Chin przy użyciu pomiarów wilgotności gleby in situ, IEEE Geoscience and Remote Sensing Letters, 12(3), 542-546

Zotarelli, L., Dukes, M.D., Scholberg, J.M.S., Femminella, K., Muñoz-Carpena, R., 2011. Planowanie nawadniania dla papryki zielonkawej przy użyciu pojemnościowych czujników wilgotności gleby. J. Irrig. Odpływ. Eng. 137 (2), 73–81

Kolibri 360 GmbH
Ferdinand-Jühlke-Straße 7
99095 Erfurt, Deutschland
produktsicherheit@kolibri360.de

Druck:
CPI Druckdienstleistungen GmbH
im Auftrag der
Kolibri 360 GmbH
Ferdinand-Jühlke-Str. 7
99095 Erfurt